輸送密度から
鉄道の本質が見える

大内 雅博

交通統計研究所

推薦のことば

　本書は、大内雅博教授が執筆した鉄道の輸送量と輸送力に関する力作である。書名に見るように、輸送密度の考察を通じて、鉄道輸送の本質に迫ろうという野心作である。対象としているのは、新幹線と東京圏通勤輸送である。日本の鉄道が立地する二大市場が、東海道の都市間輸送と、東京圏の通勤輸送だから、本書は鉄道輸送がその特性を発揮できる、最も得意な分野を扱っていることになる。

　輸送密度（トラフィック・デンシティ）は、鉄道輸送量の大小を正確に示す基本的な統計数値である。輸送密度は、各駅で発生する発着人員と、各駅間で発生する通過人員を、営業日1日平均で表す数値で、駅間別はもとより、線別、線区間別、あるいは時間帯別などに把握することが可能である。元になる駅間発着通過人員表は、鉄道営業の基本となる統計で、おそらく鉄道の開業以来作成されてきたものである。輸送密度は、地方交通線の存廃にかかわる数値として人口に膾炙しているが、もちろんそれだけのものではない。

　日本における唯一の鉄道統計に関する研究機関である（一財）交通統計研究所に、発着通過人員表がすべて保管されているかというと、残念ながらそうではないのだが、大内教授は公刊された統計書をはじめ、同研究所が保管する統計を集めて本書を執筆した。輸送密度は需要側の数値だが、他方の供給側について輸送力を定員数、定員キロでとらえれば、両者の比率が乗車率（乗車効率）、混雑率を示し、生産と消費が同時に進行する即時財生産という鉄道事業の特徴を統計的に表現することができる。

　本書では、これらの数値を活用して、新幹線穴馬駅、東京志向、通勤線区の輸送密度推定など、国土計画や輸送改善に資する魅力的で示唆に富んだ議論がなされている。本書は著者が持つ深い関心が読み手に伝わる好著で、あらためて多くの方々に推薦する次第である。このような研究に出版の機会を提供した（一財）交通統計研究所にも敬意を表したい。

大東文化大学教授
今城 光英

目　次

推薦のことば／大東文化大学教授　今城 光英

はじめに ………………………………………………………………………… 4

第1部　輸送量に対する新幹線の効果

第 1 章　東海道新幹線はどの程度大成功だったのか ……………………… 6
第 2 章　新幹線の建設順序の妥当性 ………………………………………… 18
第 3 章　乗換えは嫌われるのか―東北・上越新幹線を例に ……………… 24
第 4 章　新幹線穴馬駅の帳尻 ………………………………………………… 37
第 5 章　新幹線は東京志向を促したのか …………………………………… 42

第2部　東京圏通勤電車の輸送力設定

第 6 章　中距離電車のサービス格差の理由 ………………………………… 52
第 7 章　忙しすぎる複線と暇な複々線 ……………………………………… 62
第 8 章　輸送密度が決める朝ラッシュ時の速度 …………………………… 69
第 9 章　品鶴線、埼京線と京葉線の実際の輸送密度を推定する ………… 74
第10章　北千住・綾瀬間の実際の輸送密度を推定する …………………… 84

付　録　東京圏の各駅間輸送密度と乗車率 ……………………………… 90

あとがき ………………………………………………………………………… 127

はじめに

　本書は一般財団法人交通統計研究所が編集・発行している季刊誌『交通と統計』上に2013年7月号から2015年10月号まで連載した合計10回分の「輸送密度から鉄道の本質が見える」を加筆修正したものである。日本の鉄道の二大特徴である新幹線を第1部に、東京圏の通勤鉄道を第2部とした。

　第1部「輸送量に対する新幹線の効果」では、新幹線開業の効果や影響を、国鉄時代の毎年度の各駅間輸送量統計から求めた輸送密度の変遷をもとに考察した。新幹線定期券は国鉄時代の登場であるが、新幹線通勤が現在ほど一般的ではなかったと見なし、定期外（当時は「普通旅客」と呼称）旅客のみを対象とした。国鉄の民営化以後、各線各駅間の輸送密度は東京通勤圏を除いて公表されなくなった。特に東北・上越新幹線については、もはや鉄道が万能の輸送機関ではなくなった時代における、単なる輸送量の増加だけではなく新たに生じた乗換えによる接続在来線の輸送量への影響を、公開されているデータから把握できた最初で最後の期間であると言って良いと思う。

　第2部「東京圏通勤電車の輸送力設定」は、「輸送サービス」と一括りに表現される鉄道の輸送力（列車本数と編成両数）設定や速度が線区や区間によって異なっている理由を輸送密度から考察した。輸送力の差は決して意図的に設定された「サービス格差」ではなく、やむを得ない必然によるものとの前提に立った。その上で、輸送サービスに差を生じさせている主たる要因が輸送量であるとの前提にもとづいて考察した。輸送密度は、運輸政策研究機構が編集・発行している『都市交通年報』の各駅間輸送量統計から求めた。おおよそ都心から60〜70km圏内の、新幹線を除くJRおよび私鉄の各線各駅間の定期外＋定期旅客の輸送密度と、線路数や通過車両数といった輸送力設定との関係を考察した。さらに付録として、各駅間の輸送密度、線数と1線当たり輸送密度、通過車両数と1両当たり平均乗客数の一覧を掲載した。

　本書が、データや事実に基づいて鉄道のあり方を論じる一助になることを願っております。

2016年5月

大内 雅博

第1部
輸送量に対する新幹線の効果

第1部　輸送量に対する新幹線の効果

第1章
東海道新幹線はどの程度大成功だったのか

1．東海道新幹線により在来線時代の輸送密度は何倍になったのか

　在来の東海道本線の輸送力逼迫を解消する目的で1964（昭和39）年10月に開業した東海道新幹線は順調に輸送量を伸ばしてきた。東海道新幹線の開業以来の1日当たりの平均輸送密度の推移と、開業初年度の値を基準とした以後の増加率の推移を示す（図1.1、1.2）[1.1][1.2]。開業後5年間で輸送密度は初年度の3倍に達し、国鉄時代の輸送量のピークを記録した1975年度で5倍弱、最新の統計のある2014年度には7倍弱に達している。少なくとも輸送量や営業成績の点で、東海道新幹線を大成功と見なすことに異論はないであろう。この成功があってこそ、それ以降、日本の各地域で新幹線が熱望され、その夢が順に叶えられてきたと言えよう。

　ところで、新幹線開業によって在来の東海道本線の輸送量は減ったはずである。新幹線と在来線（以下、「新・在」とも呼称）の合計の輸送密度を比較することによって、輸送量における東海道新幹線の効果を定量化してみよう。

　そこで、国鉄編集『鉄道統計資料（鉄道旅客駅別発着通過数量）』を用いて、年度途中の1964年10月1日の東海道新幹線開業前の1960、63年度と、開業後の65、68、69、70、71、75、80、85、86（国鉄最後の年度）の各年度における、東海道本線東京・大阪間の定期外旅客（＝「普通旅客」とも呼称する）の1日当たりの平均輸送密度の推移を求めた。この統計は新・在を区別していないので、文献[1.1][1.2][1.3]にて公表されているデータから求めた東海道新幹線のみの輸送密度を差し引いて、新・在を区別した輸送密度の推移を求めた（図1.3）。なお、1970年には大阪で日本万国博覧会が開催され、前後の年度よりも1日当たりの輸送密度が最大

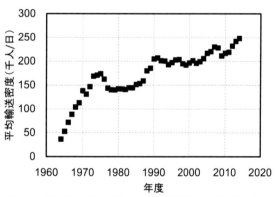

図1.1　東海道新幹線（東京・新大阪間）の平均輸送密度の推移（1964～2014年度；[1.1][1.2][1.3]掲載のデータより著者が計算した値）

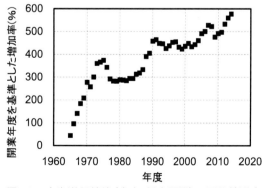

図1.2　東海道新幹線（東京・新大阪間）の平均輸送密度の、1964年度を基準とした増加率の推移（1965～2014年度）

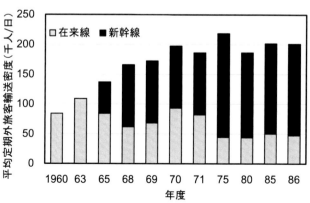

図1.3　東海道本線（東京・大阪間）の新幹線・在来線別の平均定期外旅客輸送密度の推移

で数万人突出していることに留意されたい。

輸送量（輸送密度）のピークが1975年度であるのは、一過性の新幹線博多開業ブームよりはむしろ、翌年から民営化直前の1986年度までほぼ毎年の恒例行事であった国鉄の運賃値上げの直前であったからであろう。これは国鉄のどの主要線区にも共通した現象であった。新幹線開業前年の1963年度の平均密度が109千人／日で、国鉄時代のピークであった1975年度が新・在合計で218千人／日であるから、12年間でちょうど2倍に増加した。在来線を含めると、輸送密度の増加率の値がずいぶん低くなることに驚く。新幹線の輸送密度増加の一方で、在来線の輸送密度低下が生じたからである。もちろん、在来線も含めて輸送密度が2倍になれば、新たな複線を建設して線路数を2倍にした理由は明快に説明できることになると思うが。

とはいえ、東京・大阪間には国電区間が含まれるため、新幹線による輸送量増加率が薄められて目立たなくなる恐れがあると思い、対象区間を大船・京都間に縮めて、新・在別の平均輸送密度の推移を求めてみた（図1.4）。なお、新幹線の輸送密度は東京・新大阪間の値をそのまま用いた。京都・新大阪間は全体の1割以下の営業キロ数であり、仮にこの区間の値が全区間平均値と異なっていてもあまり影響ないと判断したからである。

その結果、1963年度の平均密度が97千人／日で、国鉄時代のピークであった1975年度が新・在合計で204千人／日と東京・大阪間よりも若干小さい値になった。12年間で2.1倍に増加したことになる。東京・大阪間の2.0倍と大差ない値である。東海道新幹線開業により、在来線を含め12年間で輸送密度は2倍になったと言って良いと思う。東海道でもその程度の数字である。

さらに気になるのは、東海道新幹線の開業以降の期間が、国鉄の輸送量が全体的に伸びていた時期と一致していることである（図1.5）[1.5]。東名・名神以外の高速道路が皆無だった頃でもある。輸送力逼迫の制約がなかったのであれば、新幹線がなくても輸送量はそれなりに伸びていた可能性があると思う。

本章では、東海道新幹線の開業以来の乗客数の増加の理由が、高速走行による所要時間の短縮によるもののみではないことを、同期間の他線の輸送密度と比較することによって示していきたい。

2. 東京を起点とした主要幹線の輸送密度の推移を求める

他線区に先駆けていち早く新幹線が開業した東海道が特異であったのか、あるいは特異では

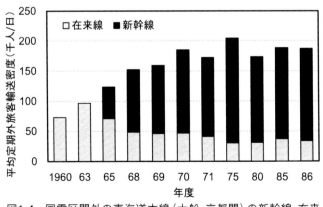

図1.4 国電区間外の東海道本線（大船・京都間）の新幹線・在来線別の平均定期外旅客輸送密度の推移

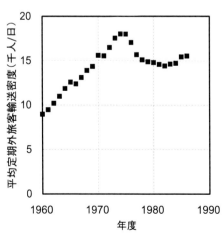

図1.5 国鉄全線平均の定期外旅客輸送密度の推移

第1部　輸送量に対する新幹線の効果

なかったのかを考察するため、東海道本線に加えて、同じ期間における他線区の輸送密度の推移も求めてみた。対象としたのは、東海道・山陽・鹿児島本線（大阪・神戸・博多間）、東北本線（東京・青森間）、青函連絡船（青森・函館間）、高崎・上信越線（大宮・水上・新潟間）、信越本線（高崎・長野間）、常磐線（日暮里・水戸・岩沼間）、奥羽本線（福島・山形間）、中央本線・篠ノ井線（東京・松本間）である。国鉄編集『鉄道統計資料（鉄道旅客駅別発着通過数量）』を用いて、1960、65、70、75、80および86年度と基本的には5年ごとの各年度における1日当たりの各駅間の定期外旅客輸送密度を求めた。本章の眼目は新幹線による旅客輸送量の変化であるので、定期券による通勤通学旅客は対象とせず、統計上の定期外旅客のみの輸送密度を用いた。また、東京からの距離による影響と東京・大阪の通勤圏の影響を考慮して、国電区間との境界駅（大船、京都、西明石、大宮、取手、高尾）と、県庁所在地駅（または相当駅あるいはその近傍の分岐駅）で区間を分けて、平均の輸送密度を求めた（**表1.1**）。前述のとおり、国鉄時代の輸送量統計は新・在を区別しない一括公表が基本であったので、**表1.1**も新・在の合計値である。

　併せて、1960年度の輸送密度を基準とした

表1.1　主要区間の定期外旅客の平均輸送密度の推移（単位：千人／日；新幹線の値を含むものにアミを掛けた）

年度	1960	1965	1970	1975	1980	1986
東京・大船	207	283	327	371	326	349
大船・静岡	87	143	185	221	191	212
静岡・名古屋	65	115	155	195	167	183
名古屋・京都	65	115	159	196	159	168
京都・大阪	89	134	173	225	186	197
大阪・西明石	88	132	150	208	166	158
西明石・岡山	46	74	99	136	104	99
岡山・広島	31	51	67	98	78	77
広島・小倉	27	45	54	79	57	54
小倉・博多	31	47	55	76	58	53
東京・大宮	154	196	245	263	248	276
大宮・宇都宮	35	54	71	81	70	86
宇都宮・福島	20	34	46	55	45	57
福島・仙台	12	21	28	35	29	44
仙台・盛岡	14	23	26	32	25	31
盛岡・青森	10	15	15	18	13	11
青森・函館	6	11	12	12	7	6
日暮里・取手	47	67	86	97	94	97
取手・水戸	24	32	37	42	37	35
水戸・平	17	21	23	24	20	17
平・岩沼	11	14	14	14	10	9
福島・山形	7	11	14	16	13	9
大宮・高崎	41	58	76	88	77	84
高崎・新潟	14	21	25	31	27	30
高崎・長野	12	16	21	25	21	19
東京・高尾	102	119	137	154	139	145
高尾・甲府	16	19	24	28	24	21
甲府・松本	9	11	14	17	15	12

増加率を求めて記した（**表1.2**）。例えば、値が100であれば増加率100％であるので、輸送密度が1960年度のちょうど2倍であったことを意味する。

1964年10月に東海道新幹線が開業、1972年3月に山陽新幹線新大阪・岡山間開業、1975年3月に同 岡山・博多間開業、1982年11月に東北・上越新幹線の大宮開業、1985年3月に同 上野開業があったため、その前後での値が大きく変化したはずである。幸いにして、以上の開業日は本章で対象とした年度には含まれていなかった。

表1.2を見れば、輸送密度の変化は人数ではなく比率を指標として議論することの妥当性を確認できよう。ベースの輸送量の桁が違うことがあっても変化率であれば数値が近くなり、共通性について議論しやすくなりそうだからである。

ざっと眺めると、以下のことに気が付く。

- 国鉄時代の輸送密度のピークは1975年度であった（今回登場したいくつかの線区について、1974年度と1976年度の値を求めて確認済）。なお、それ以後の新幹線開業後でこの年度の値を下回っている区間がある。
- 新幹線の開業していない線区の輸送密度は相対的に伸び率が低いか、減少傾向にあった。

表1.2　1960年度を基準とした各区間の定期外旅客の平均輸送密度の増加率（単位：％；新幹線の値を含むものにアミを掛けた）

年度	1965	1970	1975	1980	1986
東京・大船	37	58	79	58	69
大船・静岡	64	112	153	119	142
静岡・名古屋	77	139	200	158	182
名古屋・京都	75	144	200	143	158
京都・大阪	50	93	152	108	121
大阪・西明石	50	71	136	88	80
西明石・岡山	61	114	195	125	114
岡山・広島	65	115	217	153	149
広島・小倉	63	99	188	107	96
小倉・博多	51	79	147	87	71
東京・大宮	28	59	71	61	80
大宮・宇都宮	56	106	133	102	150
宇都宮・福島	73	130	177	126	189
福島・仙台	71	127	189	140	261
仙台・盛岡	61	78	123	70	114
盛岡・青森	48	44	72	26	6
青森・函館	101	117	115	32	0
日暮里・取手	43	83	106	99	107
取手・水戸	37	57	78	58	48
水戸・平	23	35	44	16	1
平・岩沼	23	23	24	-11	-24
福島・山形	46	81	112	74	18
大宮・高崎	41	86	116	89	107
高崎・新潟	48	80	123	90	114
高崎・長野	37	79	119	83	63
東京・高尾	17	35	52	37	43
高尾・甲府	21	47	74	49	34
甲府・松本	22	55	91	61	33

- 東京や大阪の国電区間における輸送密度の増加率は相対的に低かった。定期外旅客が対象とはいえ、大都市通勤圏においては長距離輸送の比率が低かったからであろう。
- 1960年度を基準とした、東北新幹線開業後の1986年度の輸送密度の増加率は、東海道と遜色がなさそう。新幹線開業の遅れを取り返したかもしれない。一方、在来線の輸送サービスレベルが同程度であった高崎・上信越線の伸びは東北よりもやや低かった。
- 決して沿線人口の増加率が低かったとは思えない常磐線の伸び率が相対的に低かった。

以下、詳しく見て行くことにする。

3．東北は東海道と同程度に増加したのか

表1.2中の数字（1960年度を基準にした各年度への増加率）が、東海道と東北の仙台以南とであまり違いがないように見える。特に東北新幹線開業後の1986年度の数字がそうである。ただし、区間により差はある。

そこで、両者について、東京からの距離と各駅間密度の増加率との関係をグラフにしてみた。1960年度を基準とした1975年度への増加率と、1986年度への増加率の2つを、東海道（東京・大阪間）と東北（東京・盛岡間）とで比較してみた（図1.6、1.7）。

1975年度に東北新幹線は未開業である。東京や大阪圏の国電区間を別にすれば、1975年度の東海道はほぼ「200%の増加」、すなわち、1960年度を基準にした定期外旅客輸送密度が3倍になった区間が連続していたことになる。一方の東北は仙台まで何とか200%程度で遜色がなかったが、それ以北盛岡までは100%程度と低かった。仙台以南であれば、東北も東海道と遜色ない増加率であった。

東北新幹線が上野開業を果たした後の1986年度は、ほぼ毎年の運賃値上げのため東海道が少し落ち込んだ一方で東北は新幹線の開業効果によって微増またはわずかな落ち込みで済んだため、仙台以南ならば東北は東海道と並んだと言えそうであると思った。

しかし、東海道と仙台までの東北の増加率がほぼ同程度というのは妥当なのだろうか。そのような疑問を持ちながら図1.6と図1.7を子細に眺めていくと、東北に気になる区間が出てきた。

- 増加率が前後より突出して不連続に高い区間：福島・岩沼間（現在の営業キロでは東京起点272.8〜334.2km）
- 増加率が不連続に低い区間：岩沼・仙台間（東京起点334.2〜351.8km）

である。乗降客が周囲よりも突出して多いわけ

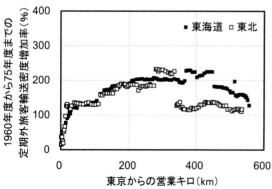

図1.6　1960年度から1975年度までの東海道（東京・大阪間）と東北（東京・盛岡間）の定期外旅客輸送密度の増加率の比較

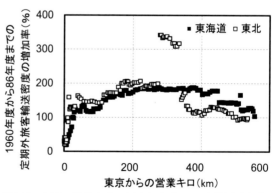

図1.7　1960年度から1986年度までの東海道（東京・大阪間）と東北（東京・盛岡間）の定期外旅客輸送密度の増加率の比較：東京からの営業キロ300km前後で突出しているのが福島・岩沼間

ではない岩沼を境にして生じている不連続であるから、東北線と合流する常磐線が関係したものであろうことは容易に想像がつく。

ここで、第二次大戦後の鉄道史を振り返ってみれば、かつて東北への輸送のメインルートは東北本線ではなく常磐線であった。昭和30年代、常磐炭田からの石炭輸送のため常磐線は平（現・いわき）まで複線であった一方、東北本線の複線区間は仙台周辺などの一部区間を除けば宇都宮までであった。常磐線の方が勾配も緩かった。幹線旅客輸送の役割は東北本線と常磐線とで二分されていたと言って良い。

東北への主要ルートとして東北本線が優位に立ったのは、昭和30年代に始まった複線化をはじめとする東北本線の輸送力増強プロジェクトの進捗によるものである。その象徴が「43・10（ヨン・サン・トオ）」と呼ばれた1968（昭和43）年10月のダイヤ改正である。東北本線の青森までの複線電化の完成に伴うものであった。一方、常磐線は平（現・いわき）の2駅先の四ツ倉から岩沼までほとんど単線のまま今日に至っている。そして、1982年の東北新幹線の開業により、東北本線ルートの優位は決定的となった。本章で輸送密度の変化の基準とした1960年度は、所要時間でも優等列車本数でも上野・仙台間において常磐線が東北本線に対して優位に立っていた時期である。1965年度は所要時間で常磐線が若干優位の一方で本数は東北本線優位となった。1970年度は所要時間、本数とも東北本線が圧倒的優位となった（表1.3）。以後、この差は埋まらず、1982年の新幹線開業によって、東京対仙台以北間の幹線輸送における常磐線の役割はほぼ終わったと言えよう［1.5］。

前置きが長くなったが、日暮里で別れた両線が再び合流する岩沼での、東京寄りの一駅との間の定期外旅客輸送密度の変遷を示す（図1.8、1.9）。現在では想像できないことであるが、1960年度には常磐線の輸送密度の方が高かった。

改めて表1.2を見ると、他線区と比較して1965年度以降の常磐線の取手以北の伸び率が際立って低いことに気が付く。これは決して常磐線沿線の人口が伸び悩んだ（高価な交直流電車による輸送力増強の制約が取手以北の東京へのベッドタウンとしての人口増の足かせには

表1.3 上野・仙台間の所要時間と優等列車本数における東北本線と常磐線の優劣の変遷（下り列車の値：1日当たりの本数）

年度		東北本線	常磐線
1960 (59年7月ダイヤ)	最短所要時間	6時間35分	5時間23分
	特急急行本数	3	7
1965 (64年10月ダイヤ)	最短所要時間	4時間55分	4時間43分
	特急急行本数	12	7
1970 (69年5月ダイヤ)	最短所要時間	3時間55分	4時間53分
	特急急行本数	19	7
1975 (75年3月ダイヤ)	最短所要時間	3時間55分	4時間35分
	特急急行本数	28	12
1980 (80年10月ダイヤ)	最短所要時間	4時間15分	4時間34分
	特急急行本数	34	11

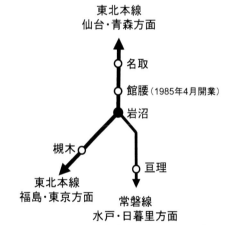

図1.8 岩沼で再び合流する東北本線と常磐線

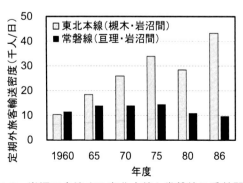

図1.9 岩沼で合流する東北本線と常磐線の手前駅からの定期外旅客輸送密度の推移

第1部　輸送量に対する新幹線の効果

なったであろうが、定期外旅客への影響は小さかったはず）とか、産業が大きく衰退した（常磐炭鉱は閉山したが日立製作所の存在は大きかったはず）からではなく、基準となる1960年度の輸送密度が「不当に」高かったからである。昭和40年代以降の輸送量の伸びを評価する立場からは、昭和30年代の常磐線の輸送量の一部は東北本線が分担するべきものであったと言える。常磐線が分担していた輸送量を含めて基準を設定しないと、東北本線仙台以南の輸送密度の増加率を過大に算出することになる。特に、奥羽本線を分岐した後の福島・岩沼間は、改良前の、基準となる輸送密度が相対的にかなり低くなるため、増加率が突出したのだと思う。

1986年度は1975年度と比較して福島・仙台間がさらに突出しているが、これは、新幹線の開業による、福島での輸送密度の「段落ち」の減少によるものである。新幹線開業前の1980年度と新幹線上野乗入れ後の86年度の間の福島での段落ち減少は、定期外旅客で1日当たり3.7千人であった。これは、福島で接続する奥羽本線との直通旅客の減少と、上り方面よりもわずかではあるが上回った福島での下り方面の乗降客数の増加の、2つの要因の合計である（**表1.4**）。

新幹線の開業により福島駅の乗降客数が上り方面よりも下り（仙台）方面に引き寄せられたことは、同じ福島県の東京方に位置する郡山と対比すると明快になる。1980年度と86年度における、郡山および福島から乗車または下車する（乗車券の発着駅、という意味）乗客数の推移を、下りと上りに分けて示す（**表1.5**）。新幹線の開業により、郡山では上り（上野）方面の乗客数の増加率が高かった一方、福島では下り（仙台）方面への増加率が高かった。新幹線で30分以内という手軽さが、増加率では福島を仙台の方に強く引き寄せたと言えよう。営業キロで80km弱の福島の位置ならば、東京とは

表1.4　新幹線の開業をはさむ1980年度から86年度の間における福島を境にした東北本線の定期外旅客の段落ち人数の減少（単位：千人／日）

年度	1980	1986	増減
（東北本線上り方面）南福島・福島間密度(A)	42.0	53.6	11.6
（東北本線上り方面）福島・東福島間密度(B)	25.5	40.8	15.3
福島での東北本線密度段落ち(A-B)	**16.5**	**12.8**	**-3.7**
東北本線上り方面・奥羽本線間直通旅客(C)	11.1	7.4	-3.7
東北本線下り方面・奥羽本線間直通旅客(D)	0.3	0.2	-0.1
福島駅東北本線上り方面乗降客(E)	8.8	10.2	1.3
福島駅東北本線下り方面乗降客(F)	3.2	4.6	1.4
福島での東北本線上り方面密度変化(C+E=G)			-2.4
福島での東北本線下り方面密度変化(D+F=H)			1.3
福島での東北本線密度段落ち変化(G-H=A-B)			**-3.7**

表1.5　郡山と福島における、新幹線開業による下りと上りの定期外乗降客数の増加率の違い（単位：千人／日）

	年度	1980	1986	増加人数	増加率(%)
郡山乗降客	下り	4.4	5.4	1.0	24
	上り	6.5	9.2	2.6	40
	上りと下りの差	2.1	3.7		
福島乗降客	下り	3.2	4.6	1.4	46
	上り	8.8	10.2	1.4	16
	上りと下りの差	5.6	5.6		

逆方向の仙台に、増加率としては高い値で引きつけられたと言うことである。

4．常磐線が肩代わりしていた東北本線の輸送量を推定する

本来東北本線が分担すべき常磐線の輸送量はいくらだったのか。それを推定するために、東北本線と常磐線が合流する岩沼前後での輸送密度を比較してみた（**表1.6**）。分岐駅であるから主要駅ではあるが、岩沼駅を境として東北本線と常磐線の東京方面の輸送密度の合計（A+B）と、仙台方面（名取、後に館腰）の輸送密度（C）とがほぼ同じ値のままで推移している。1980年代に入ると仙台都市圏の拡大により仙台方面の密度が少し高くなっているが。すなわち、岩沼・名取（館腰）間の輸送密度の推移が、常磐線の役割の変化に影響されない、東北本線仙台以南の輸送密度の推移の傾向を示していると仮定した。1960年度を基準とした、岩沼前後の各区間の定期外旅客輸送密度の増加率の推移を示す（**表1.7**）。東北本線と常磐線の東京方面の合計（「岩沼口合計」と表示）の輸送密度と、仙台方面（名取、後に館腰）の輸送密度のそれぞれの増加率の推移がほぼ一緒であったため、上記の仮定をした次第である。

次に、槻木・岩沼間の「本来の輸送密度」を求めた。東北本線仙台（岩沼）以南の改良が進み、岩沼口における東北本線対常磐線の輸送密度の比率が東北本線側に高まって一定値に収束したと見なすことのできた段階を「東北本線が仙台以北へのメインルートとしての役割を果たす本来の姿」と設定した。1960年度以降の、槻木・岩沼間と亘理・岩沼間の定期外旅客輸送密度の比率の推移を求めた（**図1.10**）。1960年度は0.90であったのが徐々に高くなり、新幹線開業直前の1979、80、1981年度がそれぞれ2.71、2.59、2.61とほぼ変化がなかったので、平均値の2.63を「岩沼口における東北本線と常磐線の輸送密度の比率の収束値」とした。この比率を、1960年度以降一定として、65、70、75年度における「本来東北本線が分担すべきであった輸送密度」を求めることにした。

その手順の詳細を述べる。1960年度の値（21.9千人／日）に対して東北本線と常磐線を2.63

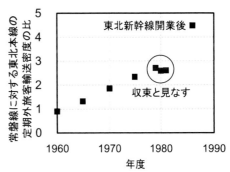

図1.10　岩沼口における東北本線と常磐線の定期外旅客輸送密度の比の推移（東北本線槻木・岩沼間対常磐線亘理・岩沼間の輸送密度の比）

表1.6　岩沼駅の前後における定期外旅客輸送密度の推移（千人／日）

年度	1960	1965	1970	1975	1979	1980	1981	1986
東北本線　槻木・岩沼間（A）	10.4	18.4	25.9	33.9	29.3	28.4	27.3	43.3
常磐線　亘理・岩沼間（B）	11.5	13.9	14.0	14.5	10.8	11.0	10.5	9.7
岩沼口合計（A+B）	21.9	32.4	39.9	48.4	40.1	39.4	37.7	52.9
岩沼・名取（館腰）間（C）	21.5	32.1	39.4	48.8	40.7	40.0	38.4	54.2

表1.7　岩沼駅の前後における定期外旅客輸送密度の1960年度からの増加率（％）

年度	1965	1970	1975	1979	1980	1981	1986
東北本線　槻木・岩沼間（A）	77	150	227	182	174	163	317
常磐線　亘理・岩沼間（B）	21	21	26	-6	-5	-9	-16
岩沼口合計（A+B）	48	82	121	83	80	72	142
岩沼・名取（館腰）間（C）	49	84	127	90	86	79	153

対1の比で分配すると、東北本線が15.9千人／日となった。そして、これと実際の値10.4千人／日との差5.5千人／日を常磐線の実際の値11.5千人／日から差し引いた6.0千人／日が、本来東北本線が分担すべきであった輸送密度を差し引いた常磐線の密度となる。以降、1965、70、75年度についても同じ操作を行った。当然ながら、年を経るにしたがって補正値は小さくなった。以上をまとめて表にした（**表1.8**）。

以降、本章では、修正配分した東北本線仙台以南と常磐線の輸送密度を用いてその推移を論じる。

5．改めて、東海道と東北の増加率を比較する

前節で決めた輸送密度の修正配分に従い、各年度における東北本線と常磐線の該当区間の各区間の定期外旅客輸送密度を求めた（**表1.9**）。東北本線の仙台以南の各区間から、**表1.8**に示す各年度における補正値（B-A）を加えて、その分を常磐線の各区間から差し引いたものである。ただし、福島・仙台間については、密度が補正されるのは福島・岩沼間のみであるので、両区間の営業キロの比率0.877（＝福島・岩沼間61.4km÷福島・仙台間78.0km）を乗じた値を加えた。この手順で求めた、1960年度を基準とした各区間の増加率の推移を改めて示す（**表1.10**）。新幹線の開業までは、東京から同距離帯で比較すれば、東北本線も常磐線も高崎・

開業当初の東北新幹線

表1.8　岩沼口での東北本線対常磐線の輸送密度の比を2.63対1に設定した場合の輸送密度の修正配分結果（単位：千人／日）

	年度	1960	1965	1970	1975	1980	1986
槻木・岩沼	実際の値(A)	10.4	18.4	25.9	33.9	28.4	43.3
	修正後の値(B)	15.9	23.5	28.9	35.1	28.4	43.3
	補正値(B-A)	5.5	5.0	3.0	1.2	0.0	0.0
	修正値に基づいた増加率(%)	0	48	82	113	79	172
亘理・岩沼	実際の値(C)	11.5	13.9	14.0	14.5	11.0	9.7
	修正後の値(C-B+A)	6.0	8.9	11.0	13.3	11.0	9.7
	修正値に基づいた増加率(%)	0	48	82	121	82	60

表1.9　東北本線の改良完成を仮定した場合の、東北本線仙台以南と常磐線各区間の平均定期外旅客輸送密度（単位：千人／日；表1からの変更の生じた区間のみ）

年度	1960	1965	1970	1975	1980	1986
東京・大宮	159.1	201.0	247.6	264.5	248.0	276.0
大宮・宇都宮	40.0	58.8	74.3	81.8	69.6	86.5
宇都宮・福島	25.3	39.3	48.7	56.1	44.8	57.3
福島・仙台	16.5	24.8	30.0	36.1	29.2	44.0
日暮里・取手	41.5	62.4	83.1	95.8	93.6	97.3
取手・水戸	18.2	27.3	34.2	40.9	37.4	34.9
水戸・平	11.4	15.7	19.8	23.1	19.6	17.1
平・岩沼	5.7	8.7	10.7	12.7	10.0	8.5

上信越線も増加率にあまり差がなくなったと言える。

では、本節の主題である東海道との比較ではどうか。改めて、各区間の1960年度を基準とした1975年度と1986年度への増加率を示す（図1.11）。東北・上越新幹線が未開業であった1975年度には、東海道（大船・京都間）の増加率の平均値184％に対して東北（大宮・盛岡間）の平均値117％と、増加率に明らかに差があった。高崎上信越（大宮・新潟間）の平均値も120％の増加であった。新幹線の開業の有無で倍半分に近い違いがあったと言って良い。東海道の増加率（ここでは184％）と東北の増加率

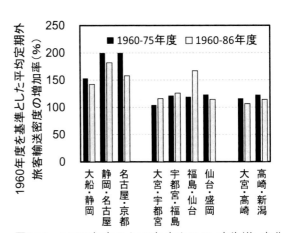

図1.11　1960年度から75年度までの、東海道、東北（1960年度以前の改良完成を仮定）、高崎・上信越の平均定期外旅客輸送密度の増加率の比較

表1.10　東北本線の改良の1960年度以前の完成を仮定した場合の、1960年度を基準とした各年度の各区間の平均定期外旅客輸送密度の増加率（単位：％；表1.2から値を変更した個所にアミを掛けた）

年度	1965	1970	1975	1980	1986
東京・大船	36.7	58.1	79.4	57.6	68.8
大船・静岡	64.0	112.3	153.3	118.6	142.1
静岡・名古屋	76.7	139.4	199.7	157.9	181.8
名古屋・京都	75.4	143.8	199.9	143.3	157.8
京都・大阪	50.1	93.4	151.9	108.4	121.1
大阪・西明石	49.7	70.6	135.9	88.4	79.6
西明石・岡山	61.1	113.7	194.7	125.1	113.7
岡山・広島	64.8	115.1	216.6	153.0	149.0
広島・小倉	63.2	98.9	187.9	107.1	96.0
小倉・博多	51.3	79.3	146.7	86.6	71.1
東京・大宮	26.4	55.7	66.3	55.9	73.5
大宮・宇都宮	47.0	85.6	104.4	73.9	116.0
宇都宮・福島	55.0	92.1	121.4	76.9	126.1
福島・仙台	50.4	81.8	119.2	77.3	167.0
仙台・盛岡	60.6	78.1	123.2	70.2	114.4
盛岡・青森	47.7	44.0	71.8	25.6	5.8
青森・函館	100.8	116.7	115.2	31.8	0.5
日暮里・取手	50.2	100.1	130.8	125.3	134.3
取手・水戸	50.1	88.2	125.5	106.1	92.4
水戸・平	37.6	73.1	102.1	71.9	49.4
平・岩沼	53.5	88.8	123.7	76.1	50.5
福島・山形	45.6	80.6	112.2	73.7	18.1
大宮・高崎	41.4	85.6	116.2	88.9	106.8
高崎・新潟	48.4	80.4	122.8	90.2	114.3
高崎・長野	37.4	79.4	118.6	82.7	62.7
東京・高尾	16.8	35.4	52.1	37.4	43.3
高尾・甲府	21.2	47.3	73.8	49.0	33.6
甲府・松本	22.0	54.6	90.5	61.2	32.8

第1部　輸送量に対する新幹線の効果

（117％）との差（67％）を、新幹線の有無による輸送密度の増加効果と見なした。なお、増加率を求める際の基準年が違えば増加率の値が異なるのはもちろんである。

一方、東北・上越新幹線開業後の1986年度では、東海道（大船・京都間）の平均輸送密度の増加率161％に対して、東北（大宮・盛岡間）の平均値が125％、高崎上信越（大宮・新潟間）の平均値が111％と、縮まったとはいえ東海道と東北・高崎上信越との差は残ったままであった（図1.12）。1986年は東北・上越新幹線の大宮開業から4年後、同上野開業の翌年と、あまり年数がたっていない時点での増加率であった。そこで、各新幹線の開業前年度と、それから5年後（開業年からは4年後）の、在来線時代からの輸送密度の増加率を求めた。東海道は1963年度から68年度への、東北と高崎上信越は1981年度から86年度への増加率である（図1.13）。三者それぞれの増加率であった。東海道と東北では、同じ長さの5年間であっても増加率には倍半分の違いがある。高度成長期であることに加えて運賃値上げが抑えられていたことが東海道に有利に作用していたのだと思う。高崎上信越の増加率が東北よりも低かったのは、この5年間に関越・北陸自動車道の東京・新潟間の全通が影響したからであろう。

さらに、1982年に新幹線が開業した東北と高崎上信越の各区間と、1986年時点で新幹線が未開業だったその他の東日本の各線区との増加率を比較してみた。新幹線の開業前の1975年度までの増加率は、新幹線開業後の1986年度までの増加率と比較して差が小さかった（図1.14）。なお、東京から北への高速道路として、東北自動車道の仙台以南の開通が1975年で、盛岡以南が1978年と最も早かった。関越自動車道の全通は1985年であった。その開通時期の違いを、高速道路による鉄道輸送量への影響として両図から読み取ることができると思う。

新幹線の開業は、新幹線がない線区との輸送量の増加率の格差を生じさせたと言える。新幹線の建設が比較的輸送密度の高い区間から優先して行われるのが原則であることに鑑みれば、

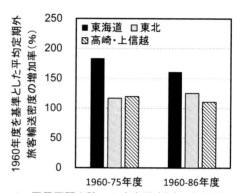

図1.12　国電区間を除いた東海道（大船・京都間）、東北（大宮・盛岡間）と高崎・上信越（大宮・新潟間）の1960年度から75年度または86年度までの平均定期外旅客輸送密度の増加率の比較

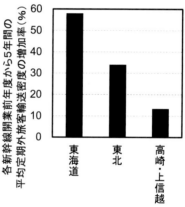

図1.13　各新幹線開業前年度から5年間の国電区間外の新・在合計の定期外旅客輸送密度の増加率（東海道：大船・京都間の1963～68年度；東北：大宮・盛岡間、高崎・上信越：大宮・新潟間の1981～86年度）

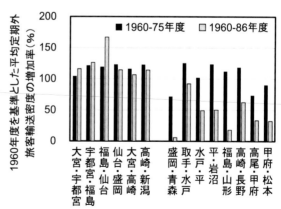

図1.14　1960年度から75年度までの、後の新幹線開業区間と未開業区間との間の定期外旅客輸送密度の増加率の比較（東北本線の1960年度以前の改良完成を仮定）

新幹線はもともと存在した線区間格差をさらに拡大させたと言えよう。

6．まとめ

東海道新幹線の開業以来の乗客数の増加が、高速による所要時間の短縮のみならず、日本の高度経済成長期と重なっていたことによるものであることを、同期間における東京から同距離帯の東北本線など他線の輸送密度との比較から示した。東海道新幹線開業前の1960年度を基準として、国鉄輸送量がピークとなる1975年度までの15年間で、東海道新幹線と在来線の定期外旅客の輸送密度は東京と大阪の国電区間外の平均で約2.8倍に増加した一方、後年新幹線が開業する東北本線では同期間に2.2倍に増加した。この差が、在来線を含めた東海道新幹線による純粋な輸送量増加効果に相当すると見なした。東海道新幹線の開業による輸送量増加には、それ自体の速達効果に加えて、高度経済成長期であったことによる輸送量増加の分も含まれていたと言える。

一方、東北新幹線の大宮開業および上野開業を挟む1960年度から1986年度までの新幹線・在来線合計の定期外旅客輸送密度は、東海道で2.6倍、東北が2.3倍程度の増加と、東海道と東北との差は縮小したとはいえ残っていたことを確認できた。

木曽川橋梁付近を走る東海道新幹線0系

【参考文献】

[1.1] 須田 寛：東海道新幹線50年、交通新聞社、2014年
[1.2] 国土交通省鉄道局：平成25年度鉄道輸送統計年報
[1.3] JR東海ホームページ：財務・輸送の状況
(http://company.jr-central.co.jp/company/achievement/financeandtransportation/transportation3.html)
[1.4] 日本国有鉄道：鉄道統計資料（鉄道旅客駅別発着通過数量）、昭和35、38、40、43、44、45、46、50、54、55、56、60、62の各年度版
[1.5] 数字で見る日本の100年・改訂第6版、矢野恒太記念会、2013年
[1.6] 国鉄監修：交通公社の時刻表、1959年7月号、1964年10月号、1969年5月号、1975年3月号および1980年10月号、日本交通公社

第1部　輸送量に対する新幹線の効果

第2章
新幹線の建設順序の妥当性

1. 需要追従型ではない新幹線が多くなってきた

　東海道本線の輸送力逼迫を解消するための東海道新幹線が開業してから半世紀余りが経過した。2015年3月には北陸新幹線の長野・金沢間が、2016年3月には北海道新幹線の新青森・新函館北斗間が開業した。東京・新大阪間515kmから始まった新幹線は、実キロ合計で2,765kmにも成長した。このうち、1982年の上越新幹線のあとに開業した整備新幹線が930kmを占めている。中央リニア新幹線を別にすれば、この値は2031年までにあと405km増える予定であり、新幹線路線総延長の4割強が整備新幹線ということになる。今や、長距離鉄道旅客が在来線の特急列車を利用することの方が珍しいのではないかとさえ思える。

　国鉄末期～JRが発足した1980年代には、今日の新幹線路線網の成長ぶりはとても想像できなかった。当時、独立採算が原則であった鉄道では採算性の問題、すなわち多額の建設費に見合う乗客数が見込まれないとの予測があったからである。

　最初に開業した東北（盛岡以南）・上越新幹線と、その後の開業まで15年間待たされた北陸（長野）以降の整備新幹線とでは、全国新幹線網が計画され着工順序が決められた当時に根拠の一つとなったはずの輸送量にどの程度の差があったのだろうか。大いに気になるところである。

　本章では、1970（昭和45）年に成立し公布された「全国新幹線鉄道整備法」に基づく「建設を開始すべき新幹線鉄道の路線を定める基本計画」に基づいて計画・建設された新幹線の開業（予定を含む）順序を、計画時点での各線区の定期外旅客輸送密度（もちろん、在来線の値）から検証する。同計画作成に影響を及ぼしたと想定した各区間の平均定期外旅客輸送密度の1970年度における値を求め、それらに相当する新幹線区間の開業順序と比較してみる。

2. 対象とする線区—1970年度の各線区の平均定期外旅客輸送密度

　東海道（東京・新大阪）・山陽（新大阪・博多）よりあとの新幹線は、1970年に成立した全国新幹線鉄道整備法に基づく「建設を開始すべき新幹線鉄道の路線を定める基本計画」に基づき建設された。その経緯をおさらいしておく。

　1971年1月に東北（東京・青森）、上越（東京・新潟）、成田（東京・成田）の各新幹線が、1972年7月に北海道（青森・札幌・旭川）、北陸（東京・長野・富山・大阪）、九州（鹿児島ルート：福岡・鹿児島）の各新幹線が、1972年12月に九州（長崎ルート：福岡・長崎）新幹線が、そして1973年11月に北海道（南回り：長万部・室蘭・札幌）、羽越（富山・秋田・青森）、奥羽（福島・秋田）、中央（東京・甲府・名古屋・奈良・大阪）、北陸・中京（敦賀・名古屋）、山陰（大阪・鳥取・松江・下関）、中国横断（岡山・松江）、四国（大阪・徳島・高松・松山・大分）、四国横断（岡山・高知）、東九州（福岡・大分・宮崎・鹿児島）、九州横断（大分・熊本）の各新幹線がそれぞれ告示された。

　これらのうち、東北新幹線の盛岡以南、上越新幹線および成田新幹線には1971年1月に建設指示が出され着工した。東北の盛岡以北、北海

道新幹線の札幌以南、北陸新幹線と九州新幹線の2ルートは1973年11月に建設指示が出されたが、その後ようやく北陸を皮切りに着工されるまで16年間も要した。これら5路線が「整備新幹線」と呼ばれている。1997年の長野新幹線以降今日に至るまで開業し続けている路線である。なお、成田新幹線は完成を見ることなく国鉄改革に伴い計画が失効し、すでに完成していた成田空港駅やその付近の高架橋は少し形を変えてJR在来線および京成線による空港アクセスに利用（転用）されている。

　以上、全国新幹線網の構成区間に相当する在来線の各線区に加えて、輸送密度がそれらより同等かそれ以上であるはずの常磐線（東京・水戸・仙台）および篠ノ井線（塩尻・松本・長野）を加えて、県庁所在間を基本として区間を分け、各区間の平均の1970年度の定期外旅客輸送密度を求めた。その際、以下の点に留意した。

- いわゆる国電区間は際立って輸送密度が高いが、「五方面作戦」等の在来線の緩急分離によって輸送力は確保される見通しがあったと見なして除外した：東海道本線東京・大船および京都・大阪・神戸、東北本線東京・大宮、中央本線東京・高尾、常磐線日暮里・取手、山陽本線神戸・西明石の各区間
- 県庁所在地間ではないが運転系統の輻輳を含む区間は分けて示した：博多・鳥栖・熊本／肥前山口、鳥栖・肥前山口・長崎／佐世保、高松・多度津・松山／高知、札幌・滝川・旭川／帯広（当時は石勝線開業前であり、根室本線の列車が経由していた）の各区間
- 在来の山陰本線は京都起点であるが「山陰新幹線」は大阪起点で計画されたため、京都・福知山間および福知山線尼崎・福知山間の両方を示した。
- 四国新幹線のうち大阪・徳島間（明石海峡大橋経由）および松山・大分間（豊予海峡トンネル経由）は該当する鉄道ルートがないので記載なし
- 県庁所在地（または相当）間ではないが、分割開業区間はその通り記した：盛岡・八戸（当時の駅名は尻内）・青森（新青森）間、熊本・八代（新八代）・西鹿児島間、米原・敦賀・福井間、塩尻・中津川・名古屋間
- 当時は湖西線が未開業のため（開業は1974年）、米原・敦賀間の値に注意が必要。なお、湖西線開業後の近江塩津以南の北陸本線と湖西線との輸送密度の比はおよそ2対1であった。
- 北陸本線同様、当時は石勝線が未開業のため（開業は1981年）、札幌・滝川間の値に注意が必要。滝川で分岐する函館本線旭川方面と根室本線の輸送密度の比は、当時およそ2対1であった。

東北新幹線建設工事の高架橋基礎杭打ち式（1971年）

第1部　輸送量に対する新幹線の効果

　各区間の輸送密度を、平均密度の高い順に示す（**表2.1**）。当時の駅名で改称したものは現在のものを（　）内に示した。念のため、各区間の輸送密度の最低値と、その値の平均値との比率も記した。どの区間も8～9割台であるが、幹線輸送の比重が低い区間ではそれよりも低い値となっている。なお、当時は成田空港が未開港であり根拠となる需要が存在しなかったために掲載しなかったが、成田線佐倉・成田間の定期外旅客平均輸送密度が5.8千人／日、京成本線の宗吾参道・成田間は9.9千人／日であった。

　さらに、当該年度の、新幹線込みの東海道本線大船・静岡・名古屋・京都と、新幹線岡山開業（1972年3月）の前年度であった山陽本線・

表2.1　全国新幹線網対象構成区間等の平均定期外旅客輸送密度（1970年度；2016年4月現在で開業済または予定の区間の平均密度にはアミを掛けた；東海道は新幹線と在来線の合計）

区間	平均定期外旅客輸送密度（千人／日）	定期外旅客最低輸送密度（千人／日）	最低値と平均値の比率	新幹線開業（予定）年
大船・静岡	197.4	177.3	0.90	1964
名古屋・京都	184.6	169.7	0.92	1964
静岡・名古屋	179.3	166.1	0.93	1964
西明石・岡山	98.8	88.4	0.89	1972
大宮・高崎	75.6	65.1	0.86	1982
大宮・宇都宮	71.3	63.7	0.89	1982
岡山・広島	68.0	59.5	0.88	1975
広島・小倉	57.7	46.8	0.81	1975
小倉・博多	55.5	52.4	0.94	1975
宇都宮・福島	45.7	40.5	0.89	1982
博多・鳥栖	40.3	39.0	0.97	2011
取手・水戸	37.2	33.4	0.90	
米原・敦賀	34.0	33.2	0.98	
敦賀・福井	32.4	31.9	0.98	2023
福井・金沢	28.4	27.6	0.97	2023
福島・仙台	27.6	23.0	0.83	1982
仙台・盛岡	25.7	22.8	0.89	1982
高崎・水上・新潟	25.3	20.4	0.80	1982
札幌・滝川	23.9	19.9	0.83	
金沢・富山	23.8	21.8	0.91	2015
高尾・甲府	23.7	21.5	0.91	2027
水戸・平（いわき）	22.8	19.2	0.84	
鳥栖・熊本	21.7	20.6	0.95	2011
高崎・長野	20.7	17.7	0.85	1997
中津川・名古屋	19.8	15.0	0.76	2027
高松・多度津	19.0	18.6	0.98	
岡山・宇野	18.5	17.9	0.97	
鳥栖・肥前山口	17.5	16.0	0.91	2022
熊本・八代	16.7	15.6	0.93	2011
宇野・高松（宇高連絡船）	16.1	16.1	1.00	
盛岡・尻内（八戸）	15.7	14.4	0.92	2002
富山・直江津	15.6	15.0	0.96	2015
小倉・大分	15.3	13.3	0.87	
直江津・宮内	15.0	14.5	0.96	
甲府・松本	14.0	11.1	0.79	
京都・福知山	13.7	8.3	0.61	
平（いわき）・岩沼	13.7	12.8	0.93	
尻内（八戸）・青森	13.6	13.2	0.97	2010
福知山・鳥取	13.5	10.6	0.79	
福島・山形	13.1	12.7	0.97	
塩尻・中津川	13.0	12.8	0.98	
長万部・苫小牧・札幌	12.0	9.6	0.79	
函館・長万部	12.0	11.0	0.91	2031
青森・函館（青函連絡船）	11.9	11.9	1.00	2016
尼崎・福知山	11.8	9.7	0.82	
滝川・旭川	11.8	11.3	0.96	
松本・篠ノ井	11.5	11.1	0.97	
長野・直江津	11.2	10.0	0.89	2015
鳥取・松江	9.5	8.7	0.91	
八代・西鹿児島（鹿児島中央）	9.5	8.9	0.93	2004
多度津・松山	9.3	8.1	0.87	
肥前山口・長崎	8.9	8.5	0.95	2022
山形・秋田	8.9	6.8	0.77	
秋田・青森	8.6	6.1	0.72	
新潟・秋田	7.6	5.8	0.76	
大分・宮崎	7.4	6.5	0.87	
多度津・高知	6.4	5.9	0.92	
長万部・小樽・札幌	5.9	3.4	0.59	2031
肥前山口・佐世保	5.7	5.2	0.91	
高松・徳島	4.6	3.8	0.83	
宮崎・西鹿児島（鹿児島中央）	4.5	3.1	0.70	
倉敷・伯耆大山	4.3	3.1	0.72	
松江・幡生	3.9	2.2	0.57	
熊本・大分	2.7	1.3	0.50	

鹿児島本線（西明石・岡山・広島・小倉・博多間）の各区間の値も記した。なお、1970年度は大阪での日本万国博覧会開催の年であり、新幹線の輸送量が大きかった。翌年度の1971年度の醒ケ井・米原間の定期外旅客輸送密度は前年度比で約16千人／日下回った。この期間の輸送量増加傾向と万博が半年間の開催であったことを勘案すると、1970年度の1日当たり約2万人程度が東海道本線および新幹線の「万博特需」に相当するのだと思う。いずれにせよ、東海道が他の「有力線区」の数倍の輸送密度であったことには違いない。

以下、集計結果を輸送密度の高かった順に考察していく。

3．山陽の次が東北・上越であったことの妥当性

表2.1に示した、1970年度における各区間の平均定期外旅客輸送密度と新幹線開業年（または開業予定年）との関係を、東海道新幹線開業の1964年からの経過年数として図示した（図2.1）。新幹線が在来線時代の輸送密度の高い順に計画・建設されてきたのかどうかを見やすくするためである。プロットは大まかには右下から左上方向に群をなしている。基本的には輸送密度の高い線区から着工・開業してきたと言えそうである。一方、同じ輸送密度であっても開業が後回しになったり、あるいは計画にすらない区間もある。密度37千人／日でも新幹線計画のない区間がある一方で、6千人／日の区間で2016年現在建設中であったりする。

東海道の次が山陽新幹線であったのは、大阪から博多まで平均密度が50千人／日以上を維持し続けていたことから妥当であったと言える。博多から鳥栖までも40千人／日あったので遜色ないように見えるが、長崎本線を分岐する鳥栖から熊本までの間が22千人／日であるからやや少ない。あえて熊本まで新幹線にしてしまえば九州の中心である博多と鹿児島との間に乗換えが生じるので、当時の新幹線の博多止まりは妥当であったと言えよう。

では、山陽の次が東北の盛岡以南と上越であったのは妥当だったのだろうか。表2.1を上から順に眺めると、高崎線の大宮・高崎と東北本線の大宮・宇都宮の各区間の平均密度が山陽本線の岡山以西の平均値以上に高かったのが目につくが、福島や高崎以北（上越線も信越本線も）は明らかに30千人／日に満たない。むしろ北陸本線の福井・金沢間が28千人／日を超えているので、なぜ東北・上越と同時着工にならなかったのだろうかと疑問に思った。

しかし、すでに京都と敦賀との間をショートカットする湖西線の開業が数年後の1974年に迫っていたので、当時は北陸新幹線を着工することができなかったのではと想像する。1962年には当時日本最長の13.9kmの複線の北陸トンネルも開通していた。もし全国新幹線網計画の時点で湖西線が着工されていなければ、大阪と金沢または富山までをつなぐ新幹線が1980年代に営業を開始した可能性もあったのではと思う。もっとも、東京に直結し

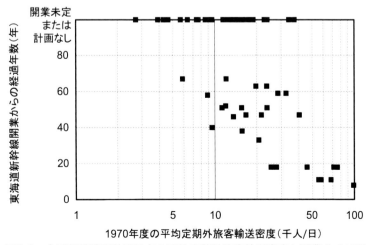

図2.1　全国新幹線網計画時点の平均定期外旅客輸送密度と開業までに要した年数の関係（1964年を基準とした）

ない新幹線がどのように位置づけられたのかも気になるが。

さて、上越新幹線が東北と同時着工だったのは妥当だったのだろうか。今でこそ上越新幹線は東北新幹線に首都圏外の区間では輸送密度で大きく水をあけられているが、当時の在来線の平均定期外旅客輸送密度は福島・仙台間が28千人／日、仙台・盛岡間が26千人／日、高崎・新潟間が25千人／日と遜色なかったので、あえて上越を外す理由は見当たらなかったことになる。さらに、大宮・高崎間が76千人／日と大宮・宇都宮間の71千人／日よりも高く、「東京」の拡大により定期客もどんどん増えていたので、この区間の輸送力の逼迫を救うためにも上越新幹線の東北との同時着工が必要だったのだろう。

一方、東北の盛岡以北は八戸（当時の駅名は尻内）までが平均16千人／日、八戸・青森間が14千人／日であるから、仙台・盛岡間の26千人／日よりも明らかに低い。「東北本線は東京から青森まで」という認識では盛岡止まりの新幹線は中途半端な気がしていたが、需要の点ではやむを得なかったのだと思う。ただし、盛岡が新大阪や博多のような「乗換えはやむを得ないと納得できる拠点駅」ではなかったため、特に青森は新幹線を28年間（盛岡止まりで開業した1982年から新青森開業の2010年まで）も熱望し続けたのだと思う。

4．整備新幹線の建設順序

長野オリンピックに間に合うように1997年に開業した北陸新幹線の高崎・長野間（長野新幹線）以降の新幹線の着工順序は、東北の盛岡以南と上越を除いた1970年度の平均定期外旅客輸送密度を指標とすれば、40千人／日以下の区間の中での選択であったことになる。

しかし、輸送密度の値の大小のみが着工順序の決定を支配したとは言い難い。むしろ、札幌から東京を経由して鹿児島または長崎という、東京を中心として北東～南西間を縦貫する国土軸の形成を優先したと言えよう。1972年12月までに計画が告示された区間の中から札幌・旭川間を除いて着実に建設されてきたのが、東北の盛岡以南と上越より後の整備新幹線である。

輸送密度が他と比較して決して高かったわけではなかった区間に、国土軸形成を目的として、専ら旅客を輸送する広軌（国際的には標準軌）別線の新幹線を計画・建設した効果が問われているということである。

5．輸送密度の高さにもかかわらず計画すらない常磐新幹線

ここでどうしても触れておきたいのが常磐線についてである。当時の取手・水戸間の平均定期外旅客輸送密度が37千人／日、水戸・平（現・いわき）間でも22千人／日あったにもかかわらず、常磐線には正式決定した新幹線の計画すらないまま今日に至っている。もし常磐線が首都圏を走っていなかったら、あるいは、東北本線のバイパスとしての位置（地位）になかったら、今頃は新幹線が走っていたのではと想像する。北海道や九州はともかく、常磐線沿線と東京との間の旅客輸送の主役は鉄道であり続けるはずである。昭和50年代にでも何らかの投資をしてくれていれば、茨城県や福島県浜通りの現在も違った形になっていた可能性がある。

ただし、例えば東京からいわきまでの間に、駅数の少ない（駅間距離30～50km程度）フル規格の新幹線を建設するのが良いかといえば、必ずしもそうではないと思う。新幹線開業後の在来線で十分な列車本数が確保できなければ、距離がたかだか200km程度の区間で、新・在間接続待ち時間込みの東京までの所要時間が短縮どころかむしろ増える駅が出てくる可能性が高いからである。用地や地形の関係から、日立といった在来線主要駅に新幹線を入れるのが困難であるとも予想する。

著者が提案したいのは、朝ラッシュ時の特急が日中の速度と遜色なく走るための、東京都心付近での輸送力の隘路解消への投資である。これから着工するフル規格新幹線よりも安いが、効果が大きいのは間違いない。現在、朝ラッシュ時には「フレッシュひたち」改め「ときわ」が水戸・上野間で日中よりも30分近く余計な時間を要しているからである。2005年に開業したつくばエクスプレスは常磐線とは別会社・独立路線であり、長距離輸送（特急列車による輸送）の質改善には役立っていないと思う。

最低限必要なのは、北千住、松戸および柏の各駅での上下線別の待避線設置である。ラッシュ時のホーム両側での交互発着や、特急列車のスムーズな追抜きが可能となる。福島県浜通りの東日本大震災からの復興加速のためには、これらの改良に対する国費投入の大義名分も立つと思う。

6．まとめ

1970年に成立した全国新幹線鉄道整備法に基づいて計画された新幹線の建設順序の実績を、各線区の在来線時代の定期外旅客の平均輸送密度から検証した。同法に基づく「建設を開始すべき新幹線鉄道の路線を定める基本計画」に影響を及ぼしたと想定した当時の各線区の平均の定期外旅客輸送密度の1970年度における値の、開業年または開業予定年との関係を求めた。

その結果、最初に建設された東北新幹線盛岡以南および上越新幹線は、県庁所在地間を結ぶ区間として、1日当たり平均輸送密度25千人以上と他区間よりも高かった。これらを上回っていたのは常磐線水戸以南および北陸本線金沢以南のみであった。以後の整備新幹線の計画と建設は、在来線輸送密度の高い順というよりはむしろ国土を縦貫する軸の整備に主眼を置いてきたと言えそうである。

【参考文献】
[2.1] 日本国有鉄道：昭和45、46年度鉄道統計年報、第1編、鉄道（別冊）、旅客・貨物駅別発着通貨数量
[2.2] 高速鉄道研究会編：新幹線-高速鉄道技術のすべて-、山海堂、2003年10月

第1部　輸送量に対する新幹線の効果

第3章
乗換えは嫌われるのか──東北・上越新幹線を例に

1. はじめに

　新幹線が開業すると、並行在来線を含めた輸送密度は開業前を上回ってきたと言って良い。東北・上越新幹線開業前年の1981（昭和56）年度の輸送密度を基準として、大宮開業の翌年度の83年度、そして上野開業後の85および86年度の定期外旅客輸送密度はほぼすべての区間で増加した（表3.1、図3.1）。

　東京（上野）を起点とする直通列車が多数走る線区でありながら、新幹線の開業した区間（大宮・盛岡間および大宮・新潟間）と、未開業だった時期のある区間（盛岡・青森間、高崎・長野間）や現在新幹線のない区間（取手・水戸・いわき間、高尾・甲府・松本間）とを比較すれば、新幹線の有無による輸送密度の推移の違いは一目瞭然である（16ページの図1.14）。

　では、乗換えを伴う所要時間の短縮は輸送量にどのような影響を及ぼしたのだろうか。一例として、東北本線の盛岡・青森間を取り上げる。国鉄時代と民営化後を通して観察するため定期外客と定期客の合計の値ではあるが、1982年の東北新幹線の大宮・盛岡間開業から28年後れの2010年の新青森開業時点まで、盛岡・青森間の平均輸送密度は1981年度の値を下回り続けていた（図3.2）。1982年の大宮開業では大宮と盛岡での2回乗換えが生じたダメージは大きかったと思うが、1985年3月14日には上野・大宮間も開業して乗換えは1回分減った。しかし、1985年度の盛岡・青森間の輸送密度は1981年度の水準に回復しなかった。新幹線開業前の水準への回復は、新幹線の新青森開業ま

表3.1　在来線を含む東北・上越新幹線各区間における平均定期外旅客輸送密度の推移（単位：千人/日）

年度	1980	1981	1983	1985	1986
大宮・宇都宮	69.6	67.6	75.9	84.7	86.5
宇都宮・福島	44.8	43.3	51.0	57.0	57.3
福島・仙台	29.2	28.0	38.0	43.2	43.6
仙台・一ノ関	26.8	25.6	32.5	34.7	34.5
一ノ関・盛岡	22.2	21.2	26.2	27.5	27.2
大宮・高崎	77.0	75.0	80.9	95.5	94.4
高崎・越後湯沢	30.5	30.0	35.5	37.2	36.0
越後湯沢・新潟	24.1	23.8	26.9	27.0	26.0

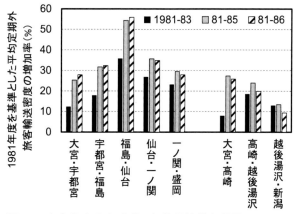

図3.1　在来線を含む東北・上越新幹線各区間における1981年度を基準とした平均定期外旅客輸送密度の増加率

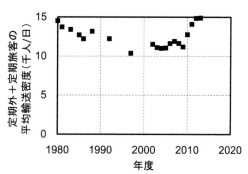

図3.2　盛岡・青森（新青森）間の平均輸送密度の推移（1980〜2013年度；定期外と定期旅客の合計；第三セクター化された並行在来線区間分を含む）（国鉄集計のデータ、JR東日本・IGRいわて銀河鉄道および青い森鉄道による公表値をもとに筆者が算出：ただし2013年度分の第三セクター鉄道の輸送密度は未公表のため2012年度の値を用いた）

でなかった。

　盛岡での乗換えさえ厭わなければ、東京から青森への鉄道の旅は便利になったはずである。上野・青森間直通時代の昼行特急「はつかり」は8時間50分を要し、わずか6往復であった。常磐線経由の「みちのく」も1往復あり、所要時間は9時間強であった。以上の合計7往復が、1982年11月に盛岡・青森間のみの運転になった際に上野への昼行移動可能なものが10往復に増発され（加えて、昼行で仙台までは往復可能なものが1往復）、大宮と盛岡での乗換え時間を含めて上野・青森間の所要時間が約2時間短縮された。1985年3月に新幹線が上野に乗り入れた際に盛岡・青森間が12往復に増発され、所要時間は標準で6時間ちょうどになった。6往復しかなかったが速達型「やまびこ」ならば5時間20分にまで短縮された。そして「はつかり」は1986年11月には13往復になった。

　しかし、以上の増発や所要時間短縮にもかかわらず、盛岡・青森間の定期外旅客数は1981年度以前を下回り続けてきた。

　以上の事実から言えることは、鉄道における乗換えは、旅客需要に対して、所要時間の数時間の短縮も列車増発も吹き飛ばすほどのダメージだということである。規模が大きくて乗換えに歩かされる新幹線駅の構造も災いしている可能性もあるが。

　東北・上越新幹線の開業により、それまで優等列車が直通していた上野との間に乗換えの必要が生じた区間は他にもある。新幹線の開業により新たな乗換えが必要になったが、総所要時間が短くなり、特急の本数が増え、便利になったはずである。本章ではそういった区間の、新幹線開業後の数年間における輸送密度の変化を詳しく見て行くことにする。

2．定期外旅客を対象に考察する、東北・上越新幹線の開業により、上野との間に乗換えが必要になった区間

　本章で対象とするのは新幹線開業の直接の影響を受けた旅客数であるので、定期外旅客のみに着目するのが適当だと思う。新幹線定期券「フレックス」「フレックス・パル」は1983年に発売開始されたが、国鉄時代は新幹線輸送量に対する比率は微々たるものであったはずで、本章の対象期間では大勢に影響なしと見なした。

　対象とする区間は、
- 磐越西線　郡山・会津若松間
- 奥羽本線　福島・山形間
- 奥羽本線　大曲・秋田間
- 東北本線　盛岡・青森間
- 信越本線　宮内・柏崎間
- 北陸本線　直江津・糸魚川間
- 羽越本線　新発田・村上間

である。いずれも1982年11月15日の東北新幹線大宮本格開業（同年6月23日に大宮・盛岡間が暫定開業していた）および上越新幹線大宮開業前には、宮内・柏崎間と直江津・糸魚川間を除いて上野との間の直通の特急・急行列車が主体であった区間である。その後も大宮乗換えの不便に配慮して上野直通列車が何本か残っていた区間があるが、1985年3月の新幹線上野開業の際に、夜行列車を除いたほとんどが区間短縮されて新幹線との接続専用列車になった。新幹線の開業を契機に夜行列車も年々削減されていった。いずれにせよ、1982年以降、特に1985年以降は上野との間には乗換えが常態化した区間である。

　これらのうち、奥羽本線の大曲・秋田間、羽越本線新発田・村上間および北陸本線糸魚川・直江津間はそれぞれ新幹線に直接接続する区間ではない。新幹線開業に伴い生じた乗換え以外の影響である、

- 新たなルート設定：盛岡始発の田沢湖線特急「たざわ」による大曲・秋田への連絡開始による奥羽本線福島・山形・大曲間の地位低下
- ルート変更：新津から羽越本線に入っていた特急「いなほ」が新幹線接続のため新潟発着の白新線経由に変更
- 2ルート間の所要時間の優劣関係の拡大：北陸へのルートとして上越（新幹）線経由の所要時間短縮とそれに伴う信越本線長野経由の特急「白山」号との所要時間差拡大のため、新幹線開業の前と後が比較可能となる2ルートが合流する

を考慮して選定したものである。

3．新幹線開業後により乗換えの必要が生じたすべての区間で輸送量が減少した

新幹線大宮開業前年の1981年度と、新幹線大宮開業翌年の1983年度、新幹線上野開業（1985年3月であったので1984年度末となる）の翌年度の1985年度および1986年度（国鉄最後の年度）の、各対象区間の定期外旅客の平均輸送密度を求めた（表3.2）。基準年が1981年度の1年間のみでは不安であったため、その年が長期間運休等のあった「特異年」でなかったことを確認するため、その前年の1980年度の値も調べた。幸い、ここに取り上げたどの区間もこの2年間には数％の差しかなかった。ただし、毎年の運賃値上げの影響だと思うが、1975年度をピークとして、1976年度から分割民営化までの大都市通勤線以外の国鉄幹線では毎年数％ずつ輸送密度が低下していた。高速道路開通の影響を受けた場合にはもっと大きく減っていた。このことは踏まえておきたい。

以上から、各区間の、1981年度を基準とした各対象年度への増加率を求めた（図3.3）。どの区間でも、新幹線が大宮止まりだった1983年度の輸送密度が新幹線開業前よりも低くなったことが分かる。これを「乗換えが2回になったことによるダメージ」を以て説明できると思っていた。

しかし、新幹線が上野乗入れを果たして乗換えが1回減り（＝大宮での乗換えが不要になった）明らかな速達効果を発揮し始めた1985年度の輸送密度も、1981年度の値を下回った区間ばかりであった。そしてそれどころか、大宮乗換えが必要だった1983年度の値を上回る区間すらなかった。さらに、線区によって「低下率」が大きく異なっていたことも分かる。

ここで落ち着いて考えてみれば、鉄道の輸送量を決めるのは鉄道の所要時間や乗換え回数だけではないことに納得が行く。鉄道の列車本数や、高速道路をはじめとする他交通機関の整備の進捗にも影響を受けるはずである。

表3.2 新幹線開業に伴い上野との間に乗換えが生じた主要区間の平均定期外旅客輸送密度の推移（単位：千人／日）

年度	1980	1981	1983	1985	1986
郡山・会津若松	6.8	6.5	6.2	5.6	5.6
福島・山形	13.0	12.4	8.9	9.0	8.8
大曲・秋田	8.4	7.8	6.8	6.5	6.5
盛岡・青森	12.8	12.1	12.0	11.3	10.8
宮内・柏崎	14.8	14.2	13.8	13.4	13.4
直江津・糸魚川	14.5	14.0	13.2	13.1	12.6
新発田・村上	9.6	9.2	8.7	8.3	7.9

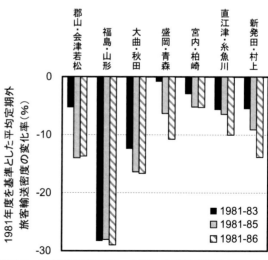

図3.3 新幹線開業に伴い上野との間に乗換えが生じた主要区間の平均定期外旅客輸送密度の、1981年度を基準とした83、85、86年度への変化率

第3章 乗換えは嫌われるのか―東北・上越新幹線を例に

そこで、新幹線が直通しない各区間について、1981年度を基準として、その後の輸送量に影響のありそうな要因を表にまとめてみた（**表3.3**）。対象年度に高速道路の影響を受けた可能性のある場合に"-1"を付した。また、その区間以遠の旅客を取り込んだ可能性のある区間に"+1"を、一方、旅客が他区間に転移した可能性のある区間に"-1"を付した。そして、当時の

表3.3 新幹線が直通しない主要区間の輸送量に影響する可能性のある要因の変化（各「影響」の"-1"はその区間の輸送量を減らす要因；"+1"は増やす要因；列車往復数は1日当たり；1986年度の本数は11月ダイヤ改正後の値）

区間	年度	高速道路の影響	以遠区間異ルート吸収の影響	昼行特急往復数	うち上野直通	夜行特急往復数合計	うち上野直通	昼行急行往復数	うち上野直通	夜行急行往復数合計	うち上野直通	快速往復数
郡山・会津若松	1981			1	1			7	4	1	1	
	1983			1	1			6	3			1
	1985			1	1							7
	1986			1	1							8
福島・山形	1981			6	6	2	2	1	1	3	3	
	1983		-1	6	3	3	3	1	1	1	1	
	1985		-1	8	1	3	3			1	1	
	1986		-1	9	1	3	3			1	1	
大曲・秋田	1981			3	3	2	2	6	1	2	2	
	1983			11	1	3	3			1	1	
	1985		+1	11	1	3	3			1	1	
	1986		+1	12	1	3	3			1	1	
盛岡・青森	1981			7	7	7	7	3		3	3	
	1983			11		6	6			2	2	
	1985	-1		12		4	4			1	1	
	1986	-1		14		3	3			1	1	
宮内・柏崎	1981			7	2	4	1	5	1	1		
	1983	-1		8		4	1	4	1	1		
	1985	-1	+1	9		4	1	3		1		
	1986	-1	+1	9		4	1	3		1		2
直江津・糸魚川	1981			10	5	4	1	2		3	2	
	1983			10	3	4	1			2	1	
	1985	-1	+1	11	2	4	1			2	1	
	1986	-1	+1	11	2	4	1			2	1	
新発田・村上	1981			4	3	2	0	4		2	2	1
	1983		-1	8	1	3	1	1		1	1	
	1985		-1	7		3	1	1				
	1986		-1	7		3	1					
高崎・長野	1981			13	13			7	7	2	2	
	1983			16	16				4	2	2	
	1985			17	17					2	2	
	1986			19	19					2	2	
長野・直江津	1981			4	4			4	2.5	2	2	
	1983			6	6			3		2	2	
	1985		-1	5	5			3		2	2	
	1986		-1	5	5			3		2	2	

時刻表と格闘して各区間の列車本数を数えてみた。新幹線開業を機に「特急大増発」で在来線各区間の本数が増えたとの印象があったが、対象を急行列車にまでに広げてみると、純粋な増発とは言い難い区間がほとんどであることに気が付く。

今回の対象区間中、輸送密度に及ぼす影響が乗換え回数や列車本数といった比較的単純なのが、高速道路の影響が皆無と言って良い1983年度の盛岡・青森間と、1983年度を基準とした85年度と86年度の福島・山形間である。盛岡・青森間は1981年度に対して83年度は微減で済んだ。それ以降に盛岡以北へ高速道路が徐々に延伸し始め、1986年には弘前の手前までつながったことが影響したのだと思う。福島・山形間は秋田への旅客を田沢湖線に奪われた1983年度より後の85年度以降、ほとんど変化していない。並行する高速道路がなく、仙台との間の輸送量は仙山線経由であるために影響を受けてこなかったからである。そして、85年度以降、福島から山形へは増発されてきたことが効いたのだと思う。

4．空路の影響

念のため、東北・北陸の空港と東京との間の航空路線の輸送量の推移もまとめた（表3.4）。東京・秋田間や東京・山形間の1983年度において、上野との間に乗換えが生じたという鉄道の「敵失」によって輸送量が若干増えたと言えそうな区間もあるが、せいぜい百人単位の増加であり、鉄道の輸送量を奪ったとは言えそうにない。むしろ、空港の移転・機能増強（1981年の秋田空港、1984年の富山空港）による影響の方が大きかった。要するに、今回対象とした区間（と期間）では、「新幹線＋在来線」と空路との間の競合関係のバランスにはほとんど影響がなかったということだと思う。

5．他ルートに転移した影響が大きかった福島・山形・大曲間

新幹線の開業により奥羽本線福島・山形間の平均定期外旅客輸送密度が1日当たり約3.5千人、率にして3割と他線区よりも大きく減少したのは、東京から秋田へのメインルートが奥羽本線山形経由から田沢湖線経由にシフトしたことによる。現在の秋田新幹線のルートである。1982年11月のダイヤ改正（東北新幹線大宮本格開業）で盛岡・秋田間に6往復の電車特急「たざわ」が登場した。福島から奥羽線に入る山形経由のルートよりも遠回りだが、盛岡まで高速で走る「新幹線効果」により所要時間では優位に立った。40分程度短くなった「たざわ」はその後も増発を重ね、1997年には改軌して「秋田新幹線」に出世した。

では、田沢湖線盛岡・大曲間の輸送密度は、少なくとも福島・山形間の減少分程度は増加したのだろうか。田沢湖線の平均輸送密度の変化量（増加なのでプラスの値）と、福島・山形間

表3.4 東北・北陸各空港と東京とを結ぶ空路の旅客数（往復の人数：千人／日）

年度	1980	1981	1983	1985	1986
東京・青森	0.2	0.2	0.2	0.2	0.2
東京・三沢	0.9	1.1	0.9	0.9	0.9
東京・秋田	0.5	1.1	1.4	1.3	1.3
東京・山形	0.6	0.6	0.8	0.9	0.9
東京・富山	0.3	0.4	0.3	1.2	1.4
東京・金沢	2.4	2.8	3.0	2.8	3.0

秋田新幹線開業の「こまち」出発式（1997年）

の変化量（減少なのでマイナスの値）とを合計してみた（表3.5）。両者の合計（表中のA+B）は各年とも2千人以上の減少であった。田沢湖線の輸送密度の増加分は福島・山形間の密度の減少分を補っていなかった。先に示した航空輸送量の増加分を加えても足りない。

さて、新幹線開業前の上野・秋田間のルートには上越線経由もあった。昼行特急ならば「いなほ」である。実はこちらの方が特急「つばさ」よりも所要時間が10分程度短く、最速ルートであった。当時の上野・秋田間の下り昼行列車の時刻を示す（表3.6）。「いなほ」と「つばさ」が3往復ずつで、下り列車では上野発の時刻を1時間程度ずらしていたので、日中は両者の合計の6往復が利用可能であった。上りは重なるものがあったので実質5往復だったが。したがって、新幹線開業により登場した盛岡乗換えの「たざわ」が上越新幹線の新潟乗換えとなった「いなほ」ルートによる秋田への客も奪った可能性もあると思い、表3.7に秋田手前の羽越本線羽後本荘・秋田間および奥羽本線大曲・秋田間の平均定期外旅客輸送密度の推移を記した。羽越本線の分を加えると、新幹線開業により秋田への輸送量が一層減少したことになる。これが新発田・村上間の密度低下（表3.2）の一因でもあると思う。

実際、1982年11月の新幹線の大宮開業により上野・秋田間の昼行列車はどの程度便利に

表3.5 新幹線開業による田沢湖線の定期外旅客輸送密度の増加は福島・山形間の減少分を補うほどではなく、結果として輸送量が減少した（単位：千人／日）

年度	1980	1981	1983	1985	1986
盛岡・大曲間平均定期外旅客輸送密度	1.8	1.7	3.2	3.0	3.0
1981年度からの増加量（A）			1.5	1.4	1.4
福島・山形間平均定期外旅客輸送密度	13.0	12.4	8.9	9.0	8.8
1981年度からの増加量（B）			-3.5	-3.5	-3.6
1981年度を基準とした秋田方面への新幹線接続区間の増減の合計（A+B）			-2.0	-2.1	-2.3

表3.6 東北・上越新幹線大宮開業直前（1981年度）の上野・秋田間昼行列車の時刻（「いなほ」「つばさ」とも在来線の直通特急列車）

下り	上野発	秋田着	上り	秋田発	上野着
いなほ	7:19	15:02	いなほ	6:41	14:33
つばさ	8:03	15:55	つばさ	8:20	16:10
いなほ	11:19	19:02	いなほ	10:42	18:33
つばさ	12:03	19:55	つばさ	11:48	19:40
つばさ	13:30	21:22	つばさ	13:50	21:39
いなほ	15:19	23:03	いなほ	13:51	21:33

表3.7 新幹線開業による秋田口上り方面の定期外旅客輸送密度の合計は減少した（単位：千人／日）

年度	1980	1981	1983	1985	1986
大曲・秋田間平均定期外旅客輸送密度	8.4	7.8	6.8	6.5	6.5
1981年度からの増加量（D）			-1.0	-1.3	-1.3
羽後本荘・秋田間平均定期外旅客輸送密度	5.3	5.4	4.7	4.3	4.1
1981年度からの増加量（E）			-0.7	-1.1	-1.3
秋田手前上り方面2ルート合計の増減（D+E）			-1.6	-2.4	-2.6

なったのだろうか。昼行列車の時刻を示す（**表3.8**）。3ルートの合計で15往復も設定されたが、下りは上野を同時刻に出発したり秋田到着時刻が近かったりで、実本数は8本にまで落ちた。秋田到着が20分以内の差を同一列車と見なせば実質6本と、新幹線開業前と同じであった。特に「つばさ」は、「たざわ」を利用する場合と全く同時刻の上野発であった。この時点で、奥羽本線は山形経由の秋田へのルートとしての役割を終えたということになる。上りの場合にも「つばさ」利用と「たざわ」利用とで上野（大宮）着時刻が重なっていないものもあり、実質9本であったが。所要時間は最大で2時間程度短縮されたが、乗客増には至らなかった。

そして1986年11月のダイヤ改正により、福島から秋田に直通する「つばさ」が4往復から2往復に削減された。その分、新庄または横手止まりが増えた。

6. 乗換えなしが有利に作用した長野・直江津間

新幹線がなく上野との間に乗換えの必要が生じた区間がある一方で、新幹線の開業とは無関係だった区間がある。信越本線の高崎・長野・直江津間である。上越新幹線との接続駅である高崎では上野からわずか101.4km（営業キロ）と近かったため、特急「あさま」「白山」は上越新幹線開業後も上野直通が維持され続けた。

この区間の輸送密度の推移を見て行こう（**表3.9**）。併せて、1981年度を基準とした増加率も示す（**図3.4**）。唯一、長野・直江津間で1981年度から1983年度にかけて輸送密度が増加したことが分かる。上越線ルートから転移してきた輸送量であろう。新幹線が大宮止まりで

表3.8 東北・上越新幹線大宮開業直後（1983年度）の上野・秋田間昼行列車の時刻（秋田行きに有効な列車を大きな文字で示した；上野・大宮間は「新幹線リレー」号利用の時刻）

下り	上野発	秋田着
やまびこ＋たざわ	**6:17**	**12:34**
あさひ＋いなほ	6:17	13:06
やまびこ＋つばさ	6:17	13:18
やまびこ＋たざわ	**8:10**	**14:29**
やまびこ＋つばさ	8:10	15:15
あさひ＋白鳥	8:10	15:18
あさひ＋いなほ	**9:17**	**16:13**
やまびこ＋たざわ	**10:17**	**16:33**
やまびこ＋たざわ	**12:17**	**18:34**
あさひ＋いなほ	1217	19:20
やまびこ＋つばさ	1217	19:25
あさひ＋白鳥	**14:17**	**21:15**
やまびこ＋たざわ	**15:17**	**21:29**
やまびこ＋つばさ	15:17	22:23
あさひ＋いなほ	**16:17**	**23:06**

上り	秋田発	上野着
いなほ＋あさひ	**5:34**	**12:27**
つばさ＋やまびこ	**5:55**	**12:57**
たざわ＋やまびこ	**7:17**	**13:27**
白鳥＋とき	7:22	14:57
つばさ＋やまびこ	8:27	15:27
いなほ＋あさひ	8:29	15:27
たざわ＋やまびこ	**9:11**	**15:27**
たざわ＋やまびこ	**11:11**	**17:27**
つばさ＋やまびこ	**11:55**	**18:57**
白鳥＋あさひ	12:34	19:27
つばさ＋やまびこ	13:02	20:27
たざわ＋やまびこ	**13:12**	**19:27**
いなほ＋あさひ	**13:46**	**20:27**
たざわ＋やまびこ	**15:17**	**21:27**
いなほ＋あさひ	**15:45**	**22:27**

表3.9 上越新幹線大宮開業後にも上野直通を維持した信越本線高崎・長野・直江津間の平均定期外旅客輸送密度の推移（単位：千人／日）

年度	1980	1981	1983	1985	1986
高崎・長野	21.1	20.1	19.7	19.7	18.8
長野・直江津	9.5	9.1	9.3	8.6	7.9

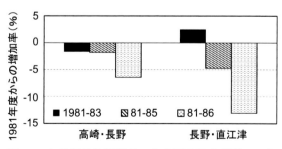

図3.4 上越新幹線開業後にも上野直通を維持した信越本線高崎・長野・直江津間の平均定期外旅客輸送密度の、1981年度を基準とした83、85、86年度への増加率

あった時期に、直江津や高田と上野との間では、上越新幹線経由と比較して所要時間の差がわずか1時間程度であった長野経由の旅客が増えたのだと思う。上野から直江津に直通する特急も4往復から6往復に増えた。

ただし、それも1985年3月の新幹線の上野開業により上越新幹線経由が圧倒的に速くなってしまうまでであった。1985年度、1986年度は1981年度と比較して大きく落ち込んだ。

7．対北陸ルートの重要度が増したはずなのに輸送量が減った宮内（長岡）・柏崎間

上越新幹線の開業により、それまで東海道新幹線の米原経由が最速であった東京・北陸間、特に富山へは長岡乗換えが最速ルートになった。特に、1985年3月の新幹線の上野乗入れからそれがはっきりした。

しかし、信越本線の宮内・柏崎間の輸送密度も他線区と同様、対象期間内に高くなったことはなかった。これは不思議である。

そこで、この区間の密度を、線区間またがり乗客数を含めて観察してみた。上越線の終点は宮内でありそこで信越本線に合流するが、特急・急行列車は次の長岡まで停車しない。上越線（越後滝谷以遠：東京方面）と信越本線柏崎方面（前川以遠：北陸方面）との間を行き来する場合、宮内に停車しない列車には宮内・長岡間の運賃不要の「折返し乗車」の特例がある。当時の国鉄新潟鉄道管理局は、この折返し乗車の旅客数を統計として残してくれていた（図3.5）。こ

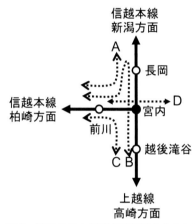

図3.5　宮内・長岡での上越線（新幹線を含む）と信越本線柏崎方面との間の旅客の連絡パターン（表3.10および図3.6に示す各区間）

表3.10　信越本線柏崎方面と新潟方面との間の定期外輸送量が減少した一方、東京方面との定期外輸送量が増加した（単位：千人／日）

年度	信越本線下り方面(A)	長岡乗換上越線方面(B)	宮内乗換上越線方面(C)	宮内起点終点(D)
1980	9.0	5.1	1.1	0.3
1981	8.4	4.9	1.2	0.2
1982	7.9	4.8	1.1	0.1
1983	8.1	4.8	1.2	0.1
1984	6.9	4.9	1.1	0.1
1985	6.6	6.0	1.0	0.1
1986	5.8	6.9	1.0	0.1

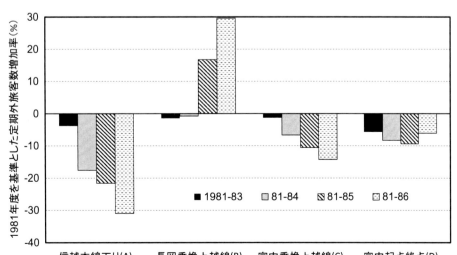

図3.6　柏崎方面から東京方面への輸送量が増える一方で新潟方面への輸送量が減少した

の値が、長岡乗換えによる東京・北陸間の乗客数に相当することになる。

該当区間の輸送密度（すべて1駅間なので乗客数でもある）の推移を求めてみた（表3.10、図3.6）。東京方面と長岡経由北陸方面との間の乗客数は、1985年度に明らかに増えたことが分かる。この流れが1988年3月の長岡・金沢間の速達特急「かがやき」の登場、そして1997年3月開業の北越急行線「はくたか」につながっていった。

ここで注目すべきは、信越本線柏崎方面と長岡経由新潟方面との間の乗客の減少である。この期間内に上越新幹線経由東京方面の乗客の増加を打ち消すほど減少して、宮内・柏崎間の合計の輸送密度が減少したということである。対象期間内は新潟県内の北陸自動車道が延伸し続けた時期と一致している。道路渋滞の心配のある対東京連絡でなければ、鉄道の輸送量が減少

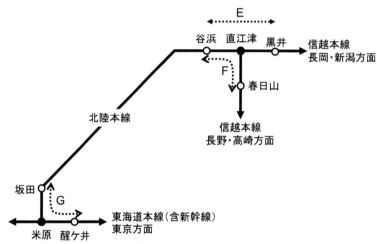

図3.7　東京から北陸への複数のルート（表3.11および図3.8に示す各区間）

表3.11　北陸本線への各入口・出口での定期外旅客数の推移（単位：千人／日；長岡方面からの直江津口、長野方面からの直江津口と名古屋方面からの米原口の三者の比較）

年度	1980	1981	1983	1985	1986
信越本線黒井・北陸本線谷浜間(E)	9.8	9.5	8.9	9.3	9.5
信越本線春日山・北陸本線谷浜間(F)	4.8	4.7	4.5	3.9	3.2
東海道本線醒ケ井・北陸本線坂田間(G)	9.6	9.4	9.4	9.2	9.1

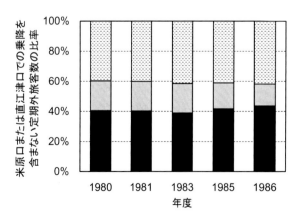

図3.8　北陸本線への入口・出口の比重の変化（長岡方面からの直江津口、長野方面からの直江津口と名古屋方面からの米原口の三者の比重の推移）

したということである。鉄道輸送の明暗をまざまざと見せてくれる区間ということになろうか。

さらに、東京対北陸連絡のための接続点間の比重の変化を示すため、北陸本線谷浜（糸魚川方面）・信越本線黒井間または信越本線春日山間と、東海道本線醒ケ井・北陸本線坂田間（もちろん新幹線を含む）の輸送密度の推移を求めた（図3.7、表3.11、図3.8）。対東京間との旅客数がすべてではないことは確かであるが、東京方面から北陸へのルートの比重の推移を垣間見ることができよう。新幹線上野開業以降の長野方面からの落ち込みが顕著である一方、長岡方面からは増えた。米原からの乗客も一部シフトしたのだと思う。

8．各区間の輸送密度の変化を対上り（東京）方面と下り方面とに分けて考察する

東北・上越新幹線の開業によって上野との間に乗換えが必要となった区間の定期外旅客輸送密度は、同新幹線の開業後におおむね低下したことが分かった。しかしながら、輸送量に影響する要因は乗換え回数だけではない。高速道路をはじめとする競合交通機関の整備も影響したはずである。

前節で、宮内・柏崎間について、輸送量を上野方面と新潟方面とに分けて推移を求めた結果、上野方面では増加した一方、新潟方面では減少したことが分かった。また、新幹線駅を起終点とする旅客には新たな乗換えが生じたわけではないので、分けて考える必要がある。

そこで、東北・上越新幹線の開業によって上野との間に乗換えが必要となった区間について、上り方面（東京方面）との間の旅客数、下り方面との間の旅客数、そして新幹線乗換え駅を起点終点とする旅客数とに分けて推移を求めた。そして1981年度を基準とした増加率を求めた。対象としたのは、「乗換えが必要になった」線区の新幹線接続の最初の一駅間である磐越西線郡山・喜久田（表3.12、図3.9）、奥羽本線福島・笹木野（表3.13、図3.10）、東北本線盛岡・厨川（表3.14、図3.11）および信越本線宮内・前川（宮内乗換えと長岡乗換えの合計値；表3.10、図3.6）の各区間である。

新幹線開業前年度の1981年度を基準として、それ以降の定期外旅客の増加率を、対上り方面、対下り方面、そして新幹線接続駅を起点終点とするものの3つに区分して図示した（図3.12、3.13、3.14）。1982年の6月に東北新幹線が大宮暫定開業、同年11月に東北新幹線と上越新幹線が大宮本開業し、そして1985年3月に両

表3.12 起点終点方面別の磐越西線郡山・喜久田間の定期外旅客数の推移（単位：千人／日）

年度	東北本線上り方面	東北本線下り方面	磐越東線方面	郡山起点終点	合計
1980	2.9	2.2	0.3	2.2	7.5
1981	2.7	2.1	0.3	2.1	7.3
1982	2.7	2.0	0.3	2.2	7.2
1983	2.6	1.9	0.3	2.0	6.7
1984	2.4	1.7	0.3	2.2	6.5
1985	2.4	1.5	0.2	2.3	6.4
1986	2.5	1.5	0.2	2.4	6.5

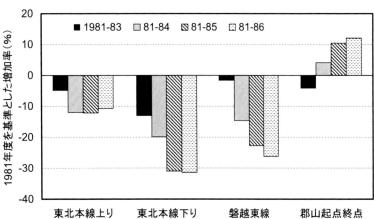

図3.9 1981年度を基準とした起点終点方面別の磐越西線郡山・喜久田間の定期外旅客数の増加率

第1部　輸送量に対する新幹線の効果

新幹線が上野に乗り入れた。したがって、前年度と比較して年間輸送統計量に大きな変化が生じたとすれば、1983年度と1985年度となるであろう。

以下、方面別に考察する。

(1) 対上り方面との旅客数（図3.12）

減ったのが郡山での磐越西線と福島での奥羽本線である。磐越西線は乗換えの必要が生じたが本数は増えずに1割減、奥羽本線は上野・秋田間のルートから外れた影響で3割の大幅減といえる。一方、盛岡接続の東北本線青森方面は、大幅な時間短縮が奏功してか微増または微減で済んでいる。上野・郡山間は新幹線による時間短縮が大宮で乗換え時間を含めて1時間だが、上野・盛岡間ならば2時間の短縮であった。この差が、郡山での磐越西線と盛岡での東北本線青森方面との間の増加率の差を生じさせているのだと思う。

なお、信越本線の宮内・前川間が1985年度以降激増したのは、前述のとおり、新幹線の上野乗入れにより北陸、特に富山との間のアクセスの比重が米原から移動してきたからである。

(2) 対下り方面との旅客数（図3.13）

上野方面同様の直通急行列車があったが乗換えが必要になった磐越西線と、もともと旅客数が少なく直通もなかった福島での奥羽本線が共に2～3割の大幅減である。当時並行する高速道路が未整備であった磐越西線こそが、乗換え発生による旅客輸送量への影響の説明に適していると思う。

一方、奥羽本線は、秋田へのアクセスの入口が福島から盛岡にシフトした影響だろうか。

信越本線柏崎方面はもともと上野方面との直通列車が少なく、1983

表3.13　起点終点方面別の奥羽本線福島・笹木野間の定期外旅客数の推移（単位：千人／日）

年度	東北本線上り方面	東北本線下り方面	福島起点終点	合計
1980	11.1	0.3	1.3	12.7
1981	10.6	0.3	1.4	12.2
1982	9.2	0.2	1.4	10.9
1983	7.3	0.2	1.4	8.9
1984	7.1	0.2	1.3	8.6
1985	7.5	0.2	1.3	8.9
1986	7.4	0.2	1.2	8.8

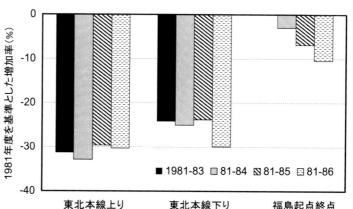

図3.10　1981年度を基準とした起点終点方面別の奥羽本線福島・笹木野間の定期外旅客数の増加率

表3.14　起点終点方面別の東北本線盛岡・厨川間の定期外旅客数の推移（単位：千人／日）

年度	東北本線上り方面	山田線＋田沢湖線方面	盛岡起点終点
1980	12.2	0.6	4.8
1981	11.5	0.5	4.7
1982	11.8	0.5	4.9
1983	11.6	0.4	5.3
1984	11.2	0.3	5.2
1985	11.6	0.3	4.9
1986	10.8	0.3	4.8

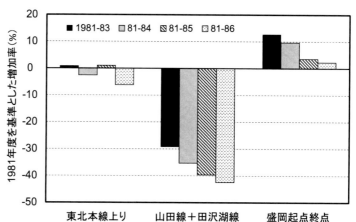

図3.11　1981年度を基準とした起点終点方面別の東北本線盛岡・厨川間の定期外旅客数の増加率

年度の影響は小さかったが、それ以降大幅に減少しているのは新潟県内の北陸自動車道開通の影響であると思う。

(3) 新幹線接続駅を起点終点とする旅客数（図3.14）

福島での奥羽本線が減少したのは、福島を起点終点とした秋田との間のメインルートから外れた影響である。高速道路が未開通だった郡山からの磐越西線は増加傾向にある一方、盛岡からの東北本線青森方面の増加が縮小傾向にあったのは高速道路の影響が顕在化しつつあったからであろう。いずれにせよ、新たに乗換えが生じたわけではなく、本数は維持または増えたので順当な結果だと思う。これらには奥羽本線のような線区の重みの低下はなかった。

以上、乗換えが生じたことによる旅客数への影響は、対上り方面と対下り方面とで異なった。その線区の比重の変化の影響も大きいことが分かった。

9．まとめ

東北新幹線（大宮・盛岡間および上野・大宮間）および上越新幹線（大宮・新潟間）の開業により、それまで優等列車が直通していた上野との間に乗換えの必要が生じた主要7区間（磐越西線郡山・会津若松間、奥羽本線福島・山形間、同大曲・秋田間、東北本線盛岡・青森間、信越本線宮内・柏崎間、北陸本線直江津・糸魚川間、および羽越本線新発田・村上間）の平均定期外旅客輸送密度の変化を調べた。新幹線大宮開業前年の1981年度の各区間の平均輸送密度を基準として、開業翌年の1983年度、新幹線上野開業の翌年度の1985年度および1986年度への変化を明らかにした。新幹線の大宮開業により、乗換えは生じたものの、上野までの総所要時間が短縮され本数が増えたにもかかわらず、対象としたすべての区間の定期外旅客の輸送密度が新幹線開業前よりも低くなった。新幹線の上野開業により大宮での乗換えが必要なくなり所要時間もさらに短縮したが、残った上野

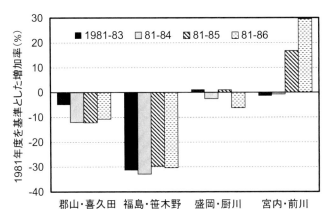

図3.12　1981年度を基準とした上り方面との定期外旅客数の増加率

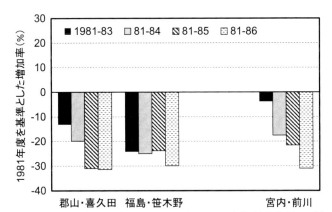

図3.13　1981年度を基準とした下り方面との定期外旅客数の増加率
（盛岡・厨川間は「本線」自体が「新幹線接続線」なので除外）

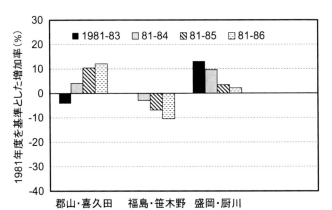

図3.14　1981年度を基準とした新幹線接続駅を起点終点とする定期外旅客数の増加率（宮内は新幹線に接続していないので除外）

直通列車が廃止されたことにより、輸送密度は新幹線大宮開業直前の水準に回復しなかったことが分かった。

東北・上越新幹線の大宮開業により生じた乗換えが嫌われて輸送量が減ったのは確かだと思う。しかし、後年の新幹線の上野乗入れにより大宮乗換えの必要がなくなっても輸送量が回復したとは言い難い。高速道路の延伸など鉄道を取り巻く環境が厳しさを増し、さらに毎年の運賃値上げの行われた期間であったことが影響していたと思う。上野駅が東京側の最終目的地であるとは限らなかった可能性もある。

本章のタイトル「乗換えは嫌われるのか」に対する答えは、「乗換えは嫌われるが、定時性で有効な代替手段のない東京との間の旅客数は影響を受けにくい一方、鉄道以外に手段のある場合には旅客数を減らす原因となる」ということになると思う。

【参考文献】
- [3.1] 日本国有鉄道：鉄道統計資料（鉄道旅客駅別発着通過数量）、昭和55～61年度版
- [3.2] JR東日本：各路線のご利用状況、http://www.jreast.co.jp/（2016年4月閲覧）
- [3.3] 運輸経済研究機構：国土交通省鉄道局監修　数字でみる鉄道　2004～2015
- [3.4] 国鉄監修・交通公社の時刻表1980年10月号、1981年7月号、1982年11月号、1985年3月号、1986年11月号、日本交通公社
- [3.5] 運輸省航空局：国内定期航空空港間旅客流動表、各年度分

第4章

新幹線穴馬駅の帳尻

1．各駅の栄枯盛衰―広軌別線線増型新幹線の宿命

　日本の新幹線は在来線との直通が不可能な広軌（国際的には標準軌）別線である。高速大量輸送のために線形の良い新幹線が在来線の特急・急行列車停車駅のすべてに停車することは不可能である。在来線優等列車の主要な停車駅であっても線形の関係から新幹線に無視される一方、鈍行しか停車しなかった小駅がいきなり新幹線の停車駅に昇格すると言った悲喜劇が生じてきた。東北新幹線では西那須野・黒磯と東那須野（那須塩原）、白河と磐城西郷（新白河）、白石と白石蔵王、小牛田と陸前古川（古川）、上越新幹線では水上と上毛高原、六日町・小出と浦佐、東三条と燕三条との関係である。

　在来線主要駅に新幹線が停車した場合、新幹線開業前よりも乗降客数が増えることは容易に想像がつく。一方、主要駅でも新幹線から外れた場合には乗降客数が減少することになるが、代替となる、主要駅以外で新幹線の停車駅になった「穴馬駅」の乗降客数の増がそれを補っているのだろうか。大いに気になるところである。

　本章では、東北・上越新幹線の開業前後における、該当駅の乗降客数の変化から見て行くことにする。開業前年の1981（昭和56）年度を基準とする。

2．複数駅から成る「新幹線停車駅圏」を設定する

　東北・上越新幹線の各停車駅を中心として、在来線時代の特急・急行列車の停車駅を含んだ「新幹線停車駅圏」を設定した（表4.1）。

　なお、東北新幹線には1985年3月の上野乗入れ時点で地元の請願および建設費負担により水沢江刺駅と新花巻駅が開業した。JR発足後の1990年3月にはくりこま高原駅が、2004年3月には本庄早稲田駅が開業した。これらについて

表4.1　東北・上越新幹線各駅を中心とした停車駅圏の設定

東北新幹線		上越新幹線	
停車駅圏	駅圏構成駅	停車駅圏	駅圏構成駅
小山	小山	熊谷	熊谷
宇都宮	宇都宮		深谷
那須塩原	矢板		本庄
	西那須野		本庄早稲田
	東那須野→那須塩原	高崎	高崎
	黒磯		新前橋
新白河	磐城西郷→新白河		渋川
	白河	上毛高原	沼田
郡山	須賀川		後閑
	郡山		上毛高原
	本宮		上牧
	二本松		水上
福島	福島	越後湯沢	越後湯沢
白石蔵王	白石		石打
	白石蔵王		六日町
	大河原	浦佐	浦佐
仙台	岩沼		小出
	仙台		越後川口
	塩釜		小千谷
	松島	長岡	長岡
古川	小牛田		見附
	陸前古川→古川	燕三条	東三条
	瀬峰		燕三条
	石越		加茂
	くりこま高原	新潟	新津
一ノ関	一ノ関		新潟
	水沢		
	水沢江刺		
北上	北上		
	花巻		
	矢沢→新花巻		
盛岡	盛岡		

― 37 ―

第1部　輸送量に対する新幹線の効果

は独自の新幹線駅圏を設定することも考えたが、新幹線開業前の1981年度以降の連続した推移を見たかったため、あえて、それぞれ新幹線開業時の古川、一ノ関、北上または熊谷の圏内に所属させたままにした。在来線時代の水沢や花巻の利用者は、新幹線駅までの距離、または、在来線によるアクセスの可否のいずれかで新幹線乗車駅を選択するであろう。水沢ならば一ノ関または水沢江刺、花巻ならば北上または新花巻のどちらかに分かれる可能性があるため、あえて停車駅圏を独立させるのは得策ではないと判断したことも理由にある。

3．各停車駅圏における定期外乗降客数の増加率を求める
　　―1981年度と86年度の比較

各停車駅圏における各駅の、新幹線開業直前の1981年度および国鉄最終の1986年度における「本線」（東北本線、高崎・上信越線）のみの定期外旅客の乗降客数を合計して推移を求めた（**表4.2**）。ただし、新幹線開業前に「本線」上になかった古川（陸羽東線陸前古川）、新花巻（釜石線矢沢）と燕三条（弥彦線）については、統計上（運賃計算上）表示されている支線の乗降客数をそのまま用いた。

各停車駅圏の、1981年度を基準とした86年度までの5年間の乗降客数の増加率を求めたところ、ほとんどの新幹線停車駅圏で乗降客が増えた（**図4.1**）。穴馬駅圏は増加率が比較的低いのではと予想したが、東北新幹線では必ずし

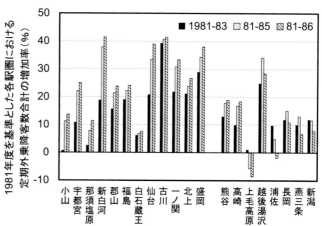

図4.1　1981年度を基準とした各新幹線停車駅圏における本線乗降客数の増加率

表4.2　各新幹線停車駅圏における本線乗降客数の推移（単位：千人／日）

年度	1980	1981	1983	1984	1985	1986
小山	8.6	8.5	8.5	8.5	9.4	9.6
宇都宮	18.2	18.0	20.0	20.4	22.0	22.5
那須塩原	9.3	8.9	9.1	9.1	9.6	9.9
新白河	2.9	2.8	3.3	3.4	3.8	3.9
郡山	16.4	16.2	18.7	18.7	19.6	20.0
福島	12.0	11.9	14.2	14.0	14.6	14.8
白石蔵王	5.2	5.2	5.5	5.4	5.6	5.6
仙台	41.2	40.6	49.0	50.3	54.1	56.4
古川	6.0	5.8	8.0	8.0	8.1	8.1
一ノ関	7.6	7.3	8.9	8.7	9.5	9.7
北上	6.1	5.9	7.1	6.9	7.3	7.4
盛岡	14.2	14.1	18.2	18.2	19.0	19.5
熊谷	23.3	22.7	25.6	26.4	26.7	26.9
高崎	24.1	23.0	25.2	25.7	26.9	27.2
上毛高原	7.4	7.0	7.1	6.7	6.6	6.4
越後湯沢	7.0	7.0	8.7	8.9	9.4	9.0
浦佐	4.4	4.2	4.6	4.5	4.4	4.1
長岡	13.3	13.5	15.1	14.8	15.6	15.0
燕三条	7.5	7.4	8.1	8.1	8.4	7.9
新潟	23.5	23.6	26.4	25.3	26.4	25.5

もそうではなかった。特に古川駅圏では高かった。支線上とはいえ、もともと集積のあった「中心駅」に新幹線が乗り入れた効果が大きかったのだと思う。在来の陸羽東線陸前古川駅を0.3km移動させたとはいえ、よくぞ古川市の中心部に新幹線を通すことができたものだと思う。

さて、穴馬駅を含む停車駅圏の乗降客数が唯一減少したのが沼田・後閑・上牧・水上を含む上毛高原駅圏であった。新幹線の開業によって、この地区の駅の合計の乗降客数は減少したということである。上毛高原は新幹線単独駅である上に、同圏内での在来線の最大主要駅であった水上からは10km以上も離れている。路線バスならば20分以上を要するようになってしまったからであろう。

上越新幹線のルート選定時、渋川と水上の両方に停車する案もあった［4.2］。両駅への停車は駅間距離の関係（高崎・渋川間が20km未満）で不可能であったにせよ、せめて「上毛高原」が在来の後閑駅（現在の上毛高原駅から一番近い駅）に併設されていればと思わずにはいられない。今からでも、水上の温泉街の脇のトンネルの合間に新幹線の駅を建設できないものかと思う。

4．「穴馬駅」の現在の帳尻 ―定期外と定期の乗車客数の1981、1986、2014年度の比較

前節の1981年度から86年度への乗降客数の比較は、新幹線開業の直接の影響と言って良いと思う。旅客の潜在需要はそのままで、供給側の変化による輸送実績への影響と見なした。

では、その後、これらの乗降客数は現在までにどのように変化してきたのだろうか。

最新のデータのある2014年度について、「穴馬駅圏」をはじめとする各新幹線停車駅圏の乗車客数を求めた。JR東日本は各線区の輸送密度について定期外旅客と定期旅客を区別せずに合計値のみを公表しているが、幸いにして、各駅の乗車客数については定期外客と定期客とを分けて公表している。ここでは、在来線時代に昼行特急がすべて停車していて新幹線駅にもなった宇都宮、郡山、福島、仙台、盛岡、高崎、長岡、新潟の各駅圏を除いた、新幹線停車駅と

周辺の整備工事も終わり、開業を待つばかりの上毛高原駅（1982年）

第1部　輸送量に対する新幹線の効果

はならなかった可能性も排除できない那須塩原、新白河、白石蔵王、古川、一ノ関、北上、上毛高原、越後湯沢、浦佐および燕三条の各新幹線駅圏の定期外旅客の乗車客数を求め（**表4.3**）、

表4.3　穴馬駅等の各新幹線停車駅圏における定期外・定期別乗車客数の推移（単位：千人）

		定期外乗車客数(千人／日)					定期乗車客数(千人／日)				
		1981年度	1986年度	2014年度	1981-86増加率(%)	1981-2014増加率(%)	1981年度	1986年度	2014年度	1981-86増加率(%)	1981-2014増加率(%)
矢板		0.9	0.9	0.6			1.6	2.0	2.3		
西那須野		0.2	1.3	0.9			1.9	2.0	2.6		
那須塩原（東那須野）		1.7	1.5	2.8	6	5	0.4	0.5	2.3	14	65
黒磯		1.9	1.3	0.7			1.4	1.6	1.6		
那須塩原駅圏		4.8	5.1	5.0			5.3	6.1	8.8		
新白河（磐城西郷）		0.0	1.2	1.8			0.1	0.2	1.1		
白河		1.5	0.8	0.5	32	49	1.0	0.8	0.4	3	47
新白河駅圏		1.5	2.0	2.3			1.0	1.1	1.5		
白石		1.7	1.8	0.5			2.9	3.0	2.4		
白石蔵王				0.6	7	-28			0.3	0	-13
大河原		0.9	1.0	0.8			3.0	3.0	2.5		
白石蔵王駅圏		2.6	2.8	1.9			5.9	5.9	5.1		
小牛田	東北本線	0.9	0.6	0.5			1.5	1.3	1.6		
	陸羽東線	0.2	0.2				0.5	0.5			
	石巻線	0.2	0.2				0.5	0.3			
古川		1.0	2.6	2.1	34	1	2.8	2.9	3.0	-4	-6
瀬峰		0.5	0.4	0.1			0.4	0.4	0.4		
石越		0.5	0.5	0.1			0.3	0.3	0.2		
くりこま高原				0.6					0.5		
古川駅圏		3.4	4.6	3.4			6.1	5.9	5.7		
一ノ関	東北本線	2.1	3.1	2.3			1.4	1.6	2.3		
	大船渡線	0.4	0.3				0.7	0.5			
水沢		1.8	1.8	0.5	21	-17	1.1	1.3	1.4	5	23
水沢江刺				0.7					0.3		
一ノ関駅圏		4.3	5.2	3.6			3.2	3.4	4.0		
北上	東北本線	1.2	1.7	1.7			1.1	1.2	2.0		
	北上線	0.2	0.3				0.5	0.4			
花巻	東北本線	1.8	1.5	0.8	17	-10	2.4	2.3	2.5	-4	7
	釜石線	0.4	0.3				0.4	0.2			
新花巻（矢沢）		0.0	0.6	0.8			0.0	0.0	0.1		
北上駅圏		3.7	4.3	3.3			4.4	4.2	4.7		
沼田		1.6	1.1	0.4			2.2	2.0	1.4		
後閑		0.6	1.1	0.1			1.4	1.3	0.7		
上毛高原				0.7	-13	-59			0.1	-8	-44
上牧		0.1	0.1				0.2	0.2			
水上		1.5	0.9	0.3			0.5	0.4	0.1		
上毛高原駅圏		3.8	3.3	1.6			4.3	3.9	2.4		
越後湯沢		1.8	3.1	2.8			0.2	0.3	0.3		
石打		0.5	0.8	0.0	25	0	0.1	0.2	0.1	6	-10
六日町		1.4	0.7	0.8			1.3	1.2	1.1		
越後湯沢駅圏		3.6	4.5	3.6			1.6	1.7	1.5		
浦佐		0.2	0.8	0.6			0.3	0.3	0.8		
小出	上越線	1.0	0.6	0.2			0.9	0.9	0.7		
	只見線	0.1	0.1				0.2	0.2			
越後川口	上越線	0.1	0.1	0.1	-2	-48	0.3	0.3	0.1	-7	-8
	飯山線	0.1	0.0				0.0	0.0			
小千谷		0.8	0.6	0.3			1.1	1.0	1.0		
浦佐駅圏		2.2	2.2	1.2			2.9	2.7	2.6		
東三条	信越本線	2.3	1.3	0.6			2.4	2.4	2.2		
	弥彦線	0.5	0.3				1.0	1.0			
燕三条			1.4	2.1	0	-25		0.1	0.4	-7	-34
加茂		1.4	1.1	0.5			3.9	3.5	2.3		
燕三条駅圏		4.2	4.2	3.2			7.4	6.9	4.9		

1981年度を基準とした定期外と定期の乗車客数の増加率の関係を図示した（図4.2）。なお、2014年度の各駅の乗車客数は線区ごとではない一括の値であるため、複数線区が乗り入れている一ノ関、北上、花巻、小出および越後川口の値は1981年度とは厳密には比較不可能である。しかし、いずれも支線であり、その比重は低いと判断し、1981、86年度の乗降客数には支線の値を含めて比較した。上越線の六日町については、会社が異なるため北越急行線への直通客が乗車客として計上されているため、特急「はくたか」号の片道乗車数3.8千人／日を差し引いた値とした［4.3］。上越線の上牧駅の値がないのは無人化されたために乗車客数のデータがないためであるが、国鉄時代の乗車客数が上毛高原駅圏の1割程度であったため、大勢に影響なしとした。

1981年度から2014年度までの33年間の推移（増加率）を比較すると、穴馬駅圏どうしでも明暗の格差が拡大したことが分かる。定期外乗車も定期乗車も大幅に増えたのが新白河駅圏のみであった。これ以外に両方とも増加だったのは那須塩原駅圏のみであった。他の停車駅圏は定期外か定期の乗車客数のどちらか、または両方で減少した。そして、上越新幹線の各駅圏での減少が際立っているのが気になる。沿線の人口減少か産業集積度の違いか、あるいは、ルート選定（停車駅の場所）の問題だろうか。

新幹線が停車しただけでは昭和50年代の乗降客数（鉄道利用者数）を維持するのは不可能だったということになる。新白河や那須塩原では新幹線を活かすためにどのような取り組みをしたのか、非常に興味がある。

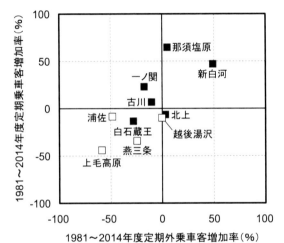

図4.2 穴馬駅等の各停車駅圏における定期外と定期別乗車客増加率の関係（1981～2014年度；白ヌキプロットは上越新幹線の停車駅圏）

【参考文献】

［4.1］日本国有鉄道：鉄道統計資料（鉄道旅客駅別発着通過数量）、昭和56年度版および昭和61年度版

［4.2］髙松良晴：鉄道ルート形成史、pp.175-176、日刊工業新聞社、2011年

［4.3］JR東日本：各駅の乗車人員2014年度（http://www.jreast.co.jp/passenger/index.html）

第1部 輸送量に対する新幹線の効果

第5章
新幹線は東京志向を促したのか

1．はじめに

　一般に、速度向上や輸送力増強といった交通機関の発達は、より魅力ある都市への集中を促すと言われている。ストロー効果と呼ばれる現象である。大災害の危険は別とすれば、政治、経済、学術、芸術文化等、現代文明について東京の魅力に敵う都市は今の日本にはないであろう。

　発車直前でも乗り込むことができ、渋滞の心配がなく都心まで直行できる輸送力の大きな新幹線は、あらゆる分野での集積度が日本最高である東京への地方からのアクセスを手軽、気軽、そして便利にしてきた。わずか1時間の乗機時間とはいえ乗換えがせわしない航空機よりも、新幹線にゆっくりと2時間は乗っていたいと、高知から上京のたびに思わずにいられない。まとまった仕事もできよう。

　新幹線の開業前から、日本の国鉄における長距離（＝通勤通学以外の）旅客輸送需要は東京を志向してきたのだろうか。日本のオリジナルである新幹線が、他の先進国にはないほどの首都への一極集中を加速してきたのだろうか。そのような思いから、本章では新幹線の開業による東京志向の高まりを定量的に示し、その有無について考察してみる。

2．各駅の乗降客数を上り方面と下り方面とに分ける

　今回の考察に必要なのは、各区間の輸送密度よりはむしろ、各駅での方向別の乗降客数である。東京方面との往復か、その逆方向か、である。この推移を観察することが必要である。

　幸いなことに、日本の国鉄では東京駅に向かう列車を上り、その逆方向を下りと呼称してきた。一部の例外はあるが、鉄道で東京に行く旅客はその線区の上り列車に乗車し、東京からの旅客は下り列車から下車する。少なくとも、本章で取り上げる線区について例外はない。

　国鉄編集の各年度の『鉄道統計資料（鉄道旅客駅別発着通過数量）』には駅間通過旅客数（＝輸送密度）に加えて、各駅の乗降客数も記載されている。その乗降客数は、当該駅での改札口を通る（すなわち、乗車券の起点または終点となる）乗客数と、他線との連絡客数とに分かれている。しかも、上り方面と下り方面とが区別されている。今回の考察には都合が良い。

　本章で対象とするデータを以下の通りとした。

(1) 在来線時代に優等列車が停車していた主要駅のみを対象とする

　今回の対象は、新幹線の開業による影響であるので、在来線時代に優等列車が停車していた主要駅で新幹線停車駅になったもののみとした。「折返し乗車」の可能性のない、その駅からの乗車列車の方向がそのまま最終目的地の方向となる駅である。東海道本線の小田原、熱海、三島（新幹線駅の開業は遅れること1969年4月）、静岡、浜松、豊橋、名古屋、米原と京都である。新幹線と同時に開業した新大阪は、在来線時代との比較ができないために除外した。東北本線では小山、宇都宮、郡山、福島、仙台、一ノ関、北上と盛岡である。在来線時代に駅はあったが優等列車は停車しなかった東那須野（那須塩原）と磐城西郷（新白河）は除外した。高崎・上信越線では熊谷、高崎、越後湯沢、長岡と新潟で

ある。新潟は「本線」の終点であるが、秋田方面をさらなる下り方面と見立て、白新線新発田方面への乗降客数を「下り方面乗降客数」とした。

(2) 各駅の改札口を出入りする（乗車券の起点または終点となる）「本線」の定期外乗降客のみを対象とする

本線の乗客の中には、支線への（からの）乗客もある程度含まれている。今回対象となる駅で接続するものが多い。しかし、本章の趣旨である、各駅での上り方面と下り方面との志向の違いを明らかにするには、その駅の改札口を通る旅客に限定するのが良いと判断した。そこで、定期外旅客のみについて、各駅の「本線」の乗降客（乗車券の起点または終点であったもの）を求めた。当然のことながら、新幹線と在来線の間の乗換え改札口を通った旅客数は含まれていない。

以上から、東海道新幹線開業の4年前の1960年度から国鉄最終の1986年度までの毎年度における各駅の下り方面・上り方面別の、1日当たりの定期外乗降客数の推移を求めた（**表5.1**）。「下り方面の乗降客数」とは、当駅から下り方面の列車に乗車した旅客数と、下り方面からの列車（＝上り列車）から降車した旅客数の合計である。「上り方面の乗降客数」はその逆である。

表5.1をざっと眺めれば、新幹線開業前の1963年度以前でも、ほとんどの駅で上り方面

表5.1 在来線時代から優等列車が停車していた新幹線停車駅における「本線」（新幹線と在来線の両方を含む）の上り・下り方面別の定期外乗降客数の推移（単位：千人／日；1960〜86年度）

年度	1960		1961		1962		1963		1964		1965		1966		1967		1968	
	下り	上り	下り	上り	下り	上り	下り	上り	下り	上り	下り	上り	下り	上り	下り	上り	下り	上り
小田原	8.4	11.8	8.7	11.7	8.9	12.7	8.9	13.3	9.3	13.8	9.7	14.2	9.7	14.5	10.3	15.1	10.9	15.6
熱海	7.6	15.3	8.1	15.5	8.6	15.6	8.8	15.4	9.7	16.2	10.8	17.2	10.3	16.8	11.1	17.3	12.0	17.9
三島	3.3	4.5	2.7	4.9	2.8	5.0	3.0	5.2	3.1	5.5	3.4	5.7	3.4	5.7	3.6	5.7	4.1	5.9
静岡	12.7	9.3	12.7	9.3	13.1	9.8	13.7	10.4	14.4	11.9	16.0	14.3	16.7	16.0	18.0	17.1	19.8	18.7
浜松	7.0	8.7	6.4	8.4	6.4	8.8	7.0	9.3	7.4	9.8	8.3	11.2	9.0	12.5	9.9	13.7	10.9	15.4
豊橋	5.6	5.7	5.0	6.1	5.1	6.4	5.2	6.8	5.0	7.1	5.2	7.6	5.5	7.8	6.1	8.1	6.6	10.2
名古屋	15.4	19.2	17.4	20.3	18.7	21.6	20.5	23.2	23.5	27.3	26.1	31.0	26.7	32.6	29.8	36.0	33.9	40.7
米原	2.3	0.9	2.3	1.0	2.1	1.2	2.3	1.3	2.5	1.3	2.6	1.5	2.7	1.7	2.9	2.0	3.4	2.5
京都	27.3	26.3	28.0	28.0	28.9	29.2	28.2	31.4	29.5	34.8	29.6	38.3	27.9	38.3	29.5	39.4	29.0	44.3
小山	1.2	1.7	1.2	1.8	1.4	2.1	1.5	2.3	1.7	2.7	1.8	3.0	1.9	3.3	2.1	3.6	2.2	3.9
宇都宮	4.0	6.7	3.8	7.1	4.1	7.9	4.5	8.5	4.8	9.1	5.0	10.0	4.9	10.0	5.5	10.5	6.2	11.2
郡山	2.8	3.7	2.7	3.4	2.8	3.6	2.8	3.7	2.9	4.0	3.3	4.4	3.1	4.0	3.7	4.5	4.3	5.5
福島	2.1	5.3	2.1	5.6	2.2	6.1	2.2	6.3	2.4	6.6	2.6	7.6	2.3	7.2	2.7	7.6	2.9	8.4
仙台	7.0	8.7	6.6	8.8	7.1	9.3	7.9	10.4	8.5	11.4	9.2	11.9	9.1	11.5	10.2	13.0	12.4	16.1
一ノ関	1.1	1.3	1.0	1.3	1.2	1.4	1.5	1.5	1.5	1.5	1.6	1.6	1.5	1.5	1.6	1.6	1.5	2.0
北上	1.0	0.8	0.8	0.7	0.9	0.7	1.0	0.8	1.0	0.9	1.1	0.9	1.1	0.9	1.2	1.0	1.6	1.0
盛岡	4.1	5.1	4.0	5.0	4.0	5.7	3.9	6.3	3.9	6.7	4.1	7.3	4.0	6.6	4.0	7.1	4.2	8.2
熊谷	2.4	4.8	2.5	5.0	2.6	5.5	2.7	5.9	2.8	6.5	3.0	6.7	3.0	7.1	3.3	7.6	3.5	8.1
高崎	4.9	6.7	4.4	7.2	4.5	7.9	4.7	8.6	4.8	9.6	5.0	10.1	4.7	10.5	4.7	11.1	4.8	11.7
越後湯沢	1.1	1.1	1.1	1.1	1.2	1.2	1.3	1.4	1.3	1.3	1.2	1.3	1.1	1.4	1.0	1.4	0.9	1.6
長岡	3.7	6.5	3.7	6.6	3.9	7.2	4.3	7.6	4.7	7.6	5.1	7.7	4.8	7.3	5.2	7.4	5.3	7.5
新潟	1.9	11.3	2.1	12.0	2.4	12.9	2.9	14.5	2.8	15.0	3.4	16.5	3.2	16.1	3.4	17.8	3.7	17.9

第1部　輸送量に対する新幹線の効果

年度	1969		1970		1971		1972		1973		1974		1975		1976		1977	
	下り	上り	下り	上り	下り	上り	下り	上り	下り	上り	下り	上り	下り	上り	下り	上り	下り	上り
小田原	11.0	16.1	11.4	15.3	11.7	16.0	13.1	16.6	13.5	17.3	14.4	17.4	14.6	17.1	14.3	17.3	14.1	16.7
熱海	10.2	18.4	9.3	14.5	9.1	15.1	9.5	15.6	9.6	16.1	9.1	16.4	8.3	16.6	7.6	16.4	6.6	15.2
三島	6.4	8.1	9.4	8.6	10.2	9.7	10.6	10.3	11.8	11.2	11.7	12.0	11.4	10.6	11.1	10.8	10.2	9.9
静岡	18.9	17.3	19.8	17.0	21.8	18.7	21.3	19.6	25.0	20.8	25.6	21.8	26.3	21.7	26.0	21.4	24.1	20.0
浜松	10.5	14.5	11.6	14.7	11.8	16.0	12.3	16.8	12.9	17.9	13.5	19.1	13.2	19.2	13.0	19.1	12.4	17.9
豊橋	7.0	9.0	7.8	9.1	7.6	10.1	8.1	10.3	9.0	11.4	10.0	11.6	9.7	10.9	9.1	10.9	8.2	10.1
名古屋	34.0	37.7	39.3	39.5	39.1	43.1	43.7	45.2	47.9	50.6	49.7	52.0	49.3	51.1	47.8	50.7	42.6	47.9
米原	3.3	2.1	3.4	2.3	3.4	2.6	3.8	2.8	4.2	3.1	4.2	3.1	3.9	2.9	3.8	2.6	3.7	2.3
京都	27.5	43.0	38.9	49.4	31.3	50.7	36.5	56.3	37.7	61.6	39.5	66.4	41.0	67.7	39.1	66.2	35.0	61.9
小山	2.4	4.4	2.6	4.5	2.6	4.7	2.9	5.1	2.9	5.3	3.0	5.2	2.8	5.0	2.7	5.0	2.7	5.1
宇都宮	5.8	11.6	6.0	12.8	6.4	13.5	6.6	14.0	6.9	13.9	7.2	14.0	7.0	13.7	7.1	13.6	6.7	13.0
郡山	4.1	5.1	4.1	5.7	4.5	6.3	4.9	6.8	5.1	7.3	5.0	7.1	5.4	7.2	5.2	7.0	4.9	6.6
福島	3.0	7.9	3.0	8.6	3.2	9.9	3.4	10.4	3.9	11.1	4.0	11.2	3.6	10.1	3.6	9.7	3.5	9.0
仙台	11.2	18.1	10.5	17.4	11.6	19.6	13.1	21.6	14.5	23.5	15.5	24.1	15.0	23.8	14.7	23.0	14.1	21.9
一ノ関	1.5	2.1	1.7	2.1	2.0	2.2	2.1	2.3	2.6	2.6	2.7	2.8	2.4	3.0	2.3	2.9	2.5	2.6
北上	1.4	1.2	1.3	1.1	1.3	1.1	1.4	1.1	1.4	1.3	1.4	1.4	1.6	1.4	1.5	1.3	1.4	1.3
盛岡	4.1	8.3	4.0	8.5	4.1	8.8	4.4	9.8	4.9	10.6	5.0	11.2	5.1	12.2	5.3	11.9	5.2	11.4
熊谷	3.5	8.6	3.7	8.8	3.9	9.2	3.9	9.1	3.8	10.7	3.6	10.2	4.0	9.6	4.1	9.5	3.7	9.2
高崎	5.1	12.1	5.5	11.9	5.9	12.3	6.3	12.5	6.6	12.9	7.0	13.2	6.9	12.8	7.4	12.9	7.5	12.7
越後湯沢	0.9	1.7	0.8	2.1	0.8	2.3	0.8	2.4	0.9	2.9	0.9	2.9	0.9	3.0	0.9	2.7	0.8	2.7
長岡	5.3	7.7	5.1	7.7	5.4	7.9	5.2	8.2	5.4	8.6	5.3	8.9	5.3	9.0	5.4	8.8	5.1	8.1
新潟	4.4	18.4	4.3	18.6	4.9	19.5	4.9	20.6	5.3	21.6	5.8	23.4	5.5	22.3	5.6	22.6	5.3	21.6

年度	1978		1979		1980		1981		1982		1983		1984		1985		1986	
	下り	上り	下り	上り	下り	上り	下り	上り	下り	上り	下り	上り	下り	上り	下り	上り	下り	上り
小田原	14.0	15.9	14.8	15.4	14.8	14.3	15.4	14.3	15.5	13.9	16.7	15.5	16.8	15.4	17.3	15.4	17.4	16.3
熱海	6.2	14.6	6.2	14.4	6.2	13.7	6.4	13.2	6.5	12.9	6.5	13.8	6.2	13.2	6.2	13.3	6.3	13.2
三島	10.1	9.7	10.1	9.9	10.0	9.5	10.1	9.5	10.6	9.8	10.7	10.5	10.6	10.4	10.5	11.0	11.0	11.4
静岡	23.6	19.3	24.0	19.4	23.7	19.2	22.9	18.6	24.3	19.3	24.5	20.7	25.4	21.6	26.2	22.2	26.7	22.8
浜松	12.0	17.6	11.7	18.0	11.9	17.7	11.6	17.6	11.5	17.6	11.3	17.8	11.6	17.6	11.8	18.1	11.9	18.4
豊橋	7.7	9.9	7.8	10.0	8.0	10.1	8.0	10.2	8.0	10.1	8.1	10.1	8.2	10.2	8.3	10.4	8.6	10.4
名古屋	40.6	47.6	39.5	47.7	38.8	47.7	38.1	47.8	37.7	48.5	37.8	50.5	38.2	52.5	39.7	54.3	41.4	55.9
米原	3.7	2.3	3.7	2.4	3.8	2.4	3.8	2.4	3.8	2.5	3.9	2.6	4.1	2.6	4.2	2.7	4.1	2.8
京都	33.6	59.7	32.1	59.0	33.1	59.6	32.8	59.8	31.3	60.3	32.4	60.9	32.9	62.3	33.3	63.0	33.3	62.9
小山	2.8	5.0	2.7	5.1	2.6	5.9	2.6	5.8	2.7	6.0	3.1	5.5	3.1	5.4	3.3	6.1	3.3	6.3
宇都宮	6.5	12.7	6.3	12.3	6.0	12.2	5.9	12.1	6.4	11.6	6.7	13.2	6.5	14.0	6.6	15.4	6.5	16.0
郡山	4.7	6.5	4.4	6.4	4.4	6.5	4.2	6.6	4.7	7.8	5.0	8.1	5.2	8.3	5.3	9.1	5.4	9.2
福島	3.3	8.4	3.4	8.5	3.2	8.8	3.0	8.9	4.0	9.2	4.1	10.0	4.1	9.9	4.3	10.2	4.6	10.2
仙台	13.5	21.9	13.6	21.8	13.4	21.3	13.3	20.7	14.8	23.7	16.3	26.0	16.2	27.1	16.8	30.0	17.4	31.6
一ノ関	2.2	2.3	2.1	2.2	1.9	2.2	1.8	2.1	2.0	3.0	2.2	3.4	2.1	3.4	2.1	3.6	2.2	4.0
北上	1.3	1.3	1.4	1.2	1.4	1.1	1.3	1.1	1.5	1.9	1.6	2.3	1.6	2.3	1.5	1.8	1.6	1.7
盛岡	5.0	10.1	4.8	9.5	4.8	9.4	4.7	9.4	4.9	11.8	5.3	12.9	5.2	13.0	4.9	14.1	4.8	14.6
熊谷	3.6	8.8	4.0	8.8	3.9	8.9	3.7	8.7	3.6	9.2	4.2	10.0	4.3	10.5	4.4	10.6	4.3	10.8
高崎	7.1	12.4	6.7	12.0	6.4	11.3	6.0	10.7	6.7	11.0	7.3	11.7	7.2	12.1	7.3	13.2	7.5	13.5
越後湯沢	0.7	2.6	0.7	2.8	0.7	2.7	0.7	2.7	0.9	3.6	1.1	4.9	1.0	5.4	1.0	5.4	1.0	5.1
長岡	4.3	8.0	3.5	7.9	3.6	7.9	4.1	7.7	4.3	7.8	4.5	9.0	4.3	8.9	4.5	9.5	4.3	9.2
新潟	5.0	20.2	4.9	19.2	4.9	18.7	4.7	18.8	4.7	19.2	5.3	22.3	5.5	21.1	5.9	22.3	5.7	21.5

第5章　新幹線は東京志向を促したのか

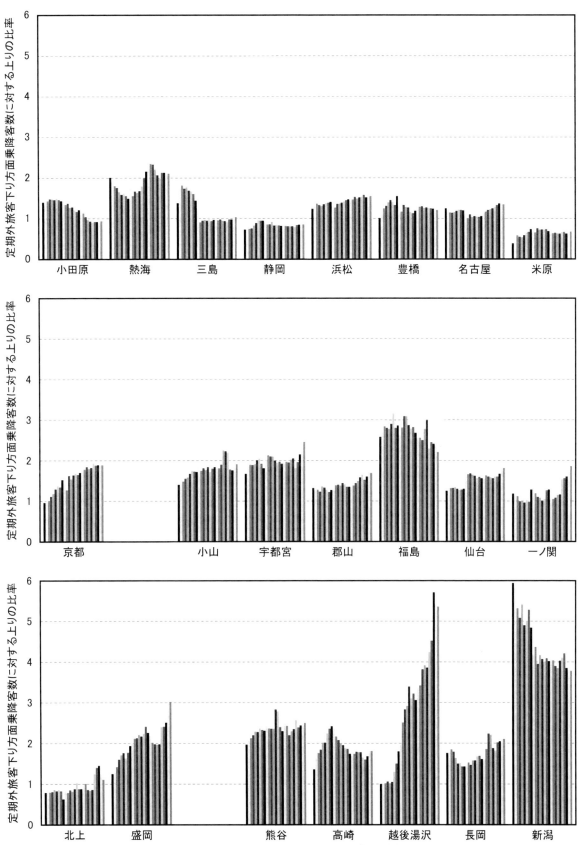

図5.1　在来線時代から優等列車が停車していた新幹線停車駅における、「本線」（新幹線と在来線の両方を含む）の下り方面乗降客数に対する上り方面乗降客数の比率の推移（1960～86年度）

乗降客の方が多いことが分かる。例外は静岡、米原、1961年度までの京都、1963～67年度の一ノ関、1981年度までの北上ぐらいである。

これらの数字を用いながら、新幹線が東京志向を促したのかどうかについて考察していく。

3．各駅の乗降客数の「上下比」の推移を求める

表5.1を眺めてみれば、各駅の下り方面の乗降客数も基本的には増加傾向にある。したがって、乗降客数の「上下差」を求めるよりは、むしろ「上下比」を求めた方が、東京志向の程度の変化の定量化には適していると思った。そこで、各駅の下り方面の定期外乗降客数に対する上り方面の定期外乗降客数の比の推移を求めた（図5.1）。以下「乗降客数の上下比」と呼ぶことにする。例えば、この値が2.0であれば、上り方面の乗降客数が下り方面のそれの2.0倍であることを示す。

大まかには、「新幹線の開業が契機となって…」という言い方は大都市の駅ほど当てはまりにくいと言える。新幹線の開業により上り方面が便利になるのと同時に、下り方面も便利になり、下り方面の乗降客も増えるからだと思う。上り方面の乗降客の増加率の方が多少は高かったと言って良さそうであるが、下り方面もそれなりに増えている。例外は京都、一ノ関、北上、盛岡、越後湯沢のみであった。

以下、細部で気づいた点を述べる。

(1) 観光客が乗降客数の上下比を大きく変えた—京都、三島、越後湯沢

「新幹線の開業が契機となって…」という言い方が当てはまるのは、京都と三島と越後湯沢である。観光需要であろう。

京都は、1960年度には下り方面の定期外乗降客がわずかながら多かった。しかし、新幹線の開業以降、乗降客数の上下比が毎年コンスタントに上昇し続けてきた。日本を代表する観光地として古都京都が全国的に（特に関東地方から）認知されたのは、東京からのアクセスが格段に良くなった新幹線開業後だったということなのだろうか。

三島は1969年の新幹線駅の開業後から定期外乗降客数の上下比が1.0を割るようになった。すなわち、下り方面の乗降客が上り方面を上回るようになったといえる。子細に眺めれば、三島の新幹線駅開業に伴い、熱海の乗降客数の上下比が高くなった。関西方面からの温泉客への玄関口の役割が熱海（東伊豆）から三島（中伊豆）に移ったのだと思う（図5.2）。

越後湯沢は、今回登場した各駅の中で、新幹線の開業によって定期外乗降客数の上下比が最高の5.7を記録した。新幹線の開業によって東京方面からのスキー客が急増した一方、下り方面の乗降客は対象となる26年間で全く増えなかったのでこのような結果となった。県内の移動が便利になっても、新潟の人は東京の人ほどには湯沢に行かないのであろう。

ただし、各グラフを丁寧に眺めれば、三島も京都も越後湯沢も、新幹線の開業前から開業後の変化の兆候が見えていたことに気が付く。新幹線が人の流れを変えたというよりは、傾向を加速または増幅したのだと思う。

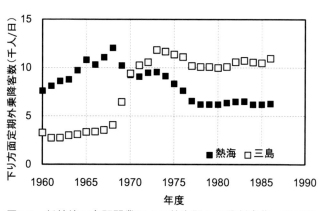

図5.2　新幹線三島駅開業による熱海駅との役割交代—下り方面定期外乗降客数の推移から

(2) 乗降客数の上下比が周囲よりも低い理由 —静岡と郡山

定期外乗降客数の上下比が近隣駅と比較して低い大都市の駅として、静岡と郡山があげられる。もちろん、これらの駅にはまとまった数の上り方面への乗降客がある一方で、下り方面への乗降客数も多い。同県内で覇を競うライバル都市との間の流動によるのだと思う。それぞれ、浜松と福島である。これらの都市が東京とは逆方向にあるのが、静岡と郡山である。したがって、東京の方向とライバル都市との方向が一致する浜松と福島とでは、乗降客数の上下比が近隣よりも高くなっている。

(3) 並行する私鉄との力関係の変化—小田原

新幹線の開業と全く無関係な動きをしているのが小田原である。1970年代に入ってから定期外乗降客数の上下比が低下し始め、1980年度からは1.0を割っている。毎年の国鉄の運賃値上げにより、小田原からの上り客がさらに小田急を使い始めたからだと思う。東京の西側・副都心の発展が影響してきた可能性もある。その後、小田急の運賃水準が相対的に上昇し、JRには新宿直通の湘南新宿ラインが開業した現在、はたして小田原の乗降客数の上下比がどうなっているのか興味がある。

県庁所在地と東京とが反対方向である豊橋も、国鉄に並行する私鉄の影響を受けていたと思う。現在はJRが名鉄に対して競争力をつけているので、乗降客数の上下比は低くなっていると思う。

4. 線区ごとの合計乗降客数の上下比の比較から東京志向の程度の差を推定する

改めて図5.1を眺めると、概ね東海道は低めで、東北と上越に高い駅が目立つ。そこで、各駅の定期外乗降客数の上下比を、線区ごとにまとめて定量化してみる。

東海道本線、東北本線、高崎・上信越線について、今回対象の各駅の定期外の下り方面乗降客数と上り方面乗降客数をそれぞれ合計し、線区ごとの合計の乗降客数の上下比を求めた。この方法は、もし「上り方面客」が東京まで乗車せずに途中で下車すれば、中間のいずれの駅での「下り方面客」としてカウントされる可能性がある点で都合が良い。線区トータルの乗降客数の上下比が下がるからである。例えば、著者の推定では、盛岡で乗車した上り客の半分が仙台で下車する計算となるが、その分は仙台の「下り方面客」としてカウントされるため、乗降客数の上下比が下がる。それが可能であるのは、各線区の合計値を求める際、東京の乗降客数を除いてあるからである。もちろん、今回は北へのターミナルである上野も、実質的に東京の一部となっている大宮も横浜・新横浜も含んでいない。

3線区について、各線区の合計の定期外乗降客数の上下比の推移を図示した（図5.3）。対象の27年間を通じて高崎・上信越線が最高を維持し続け、次に東北本線、そして東海道本線が最も低かった。東海道本線には「東京とは逆方向」の拠点である名古屋、京都、大阪が、東北本線には仙台があるが、高崎・上信越線にはそのような都市がないからであると思う。強いて挙げれば新潟だが、仙台ほどの集積はない。

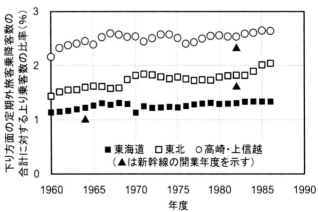

図5.3 各線区の対象駅での定期外旅客乗降客数の合計値の上下比の推移（1960〜86年度）

これが、3つの線区間の差を生じさせた原因だと思う。

一方、新幹線の開業の前後で、必ずしも乗降客数の上下比が大きく変化したとは言えないことも分かる。東北や上越新幹線の開業による多少の動きは認められるが、東海道でははっきりしない。むしろ、3線区とも、新幹線開業前から乗降客数の上下比がじわじわと上昇し続けていた。各駅の推移を細かく見れば新幹線開業の影響が認められる駅もあるが、線区を合計した「大きな旅客の流れ」の中では消えてしまっている。

5．線区の切り方を変えてみた―仙台・盛岡間における乗降客数の上下比の推移

では、東北本線の仙台・盛岡間だけに着目したらどうなるか。「東京とは逆方向の拠点」のない区間の抽出である。一ノ関、北上と盛岡の各駅の合計の定期外乗降客数の上下比の推移である（図5.4）。仙台が含まれていないのは、仙台を「東京」と見なし、仙台志向を定量化するためである。比較のため、小山・仙台間の値の推移も求めて記した。こちらは東京志向の定量化であるため、仙台を含めている。

新幹線の開業により、仙台以北の乗降客数の上下比が、以南のそれを上回るようになった。

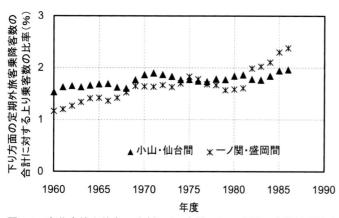

図5.4 東北本線を仙台で分割した、合計の下り方面の定期外乗降客数に対する上り方面乗降客数の比率の推移（1960～86年度）

新幹線の開業により上り方面に行きやすくなり客が増えたが、下り方面は上り方面ほどには増えなかったということである。仙台以北には「東京とは逆方向の拠点」がないからであろう。予想通りの結果である。

6．まとめ

本章では、新幹線による東京志向の高まりを定量化して、その有無や程度を考察した。国鉄時代に新幹線が開業した東海道本線、東北本線、高崎・上信越線について、開業による各停車駅（在来線時代から優等列車が停車する主要駅であったものに限る）の定期外乗降客（当該駅が乗車券の起点または終点となる、新幹線と在来線の合計の乗降客）の推移を、1960年度から86年度までについて下りと上りの別に求めた。

その結果、1980年頃までは、新幹線開業の有無にかかわらず、3線区とも線区全体として、下り方面乗降客数に対する上り方面乗降客数の比（以下、「乗降客数の上下比」）が徐々に上昇していった。東北本線および高崎・上信越線については、1982年の新幹線開業または1985年の新幹線上野乗入れにより、乗降客数の上下比が明らかに上昇した。1960年度に乗降客数の上下比が比較的低かった東海道本線では、その後の値の上昇も比較的緩やかだった。1960年度に乗降客数の上下比が比較的高かった東北や高崎・上信越線は、常に東海道線よりも高い増加率を維持し続け、新幹線の開業によりその差が多少開いた程度であった。

なお、上下比が1.0以上の値で一定であっても、乗降客数自体が多くなっていれば、「上下差」は拡大していることになる。その場合、「比」ではなく「差」では東京志向が強まっているとは言えよう。

東京志向の程度を決めるのは、新幹

線の開業というよりはむしろ、東京と逆方向の拠点となる都市の集積の低さであると思う。特に、東北新幹線と比較して上越新幹線の輸送密度の伸びが低いまま現在に至っているのは、東京とは逆方向の拠点が育っていないことにも起因していると思う。列車ダイヤを例にすれば、2015年現在、新潟駅を出発する上越新幹線の6時台の東京行きは3本ある一方、東京駅を出発する新潟行きはわずか1本である。本数の比は3.0となる。東北新幹線の場合、6時台の仙台発東京行きは4本、東京発仙台（以北）行きは5本と、本数の比は0.8で、上越新幹線よりも大幅に低くなった。東海道新幹線の名古屋も、「のぞみ」と待避をしない「ひかり」の合計で、東京行きが4本、東京発下りが5本と、比は0.8となる。上越新幹線の旅客の動きとそれに対応した列車設定は、東京への通勤電車のようである。別線線増である新幹線の終点が、長距離旅客需要の点でもほぼ行き止まりになっていることにもよるのだと思う。

【参考文献】

[5.1] 日本国有鉄道：鉄道統計資料（鉄道旅客駅別発着通過数量）、昭和35～61の毎年度版

第2部
東京圏通勤電車の輸送力設定

第2部　東京圏通勤電車の輸送力設定

第6章
中距離電車のサービス格差の理由

1．線区間格差を感じる東京圏の中距離電車

　東京からの距離が同じであっても、線区によって列車本数が異なっている。都心通勤の当事者にとっては住んでいる場所（方面）の運・不運といったものを感じることがあると思う。この差が特に顕著なのがいわゆる中距離電車区間である。

　全列車の編成が統一されている線区以外のJR全線を網羅した『普通列車編成両数表』（JRR編集、交通新聞社発行）の2010年度のデータに基づき、ほとんどすべての電車が都心に直通する放射状5線の平日1日当たりの普通列車の通過車両数を比較してみよう。各線の中距離電車区間の、それぞれ通過両数が一番多い区間の順に並べてみると、東海道本線の大船以南（藤沢まで往復合計で4.9千両／日）、運賃計算上は「電車特定区間」ではあるが実質的には中距離電車格である横須賀線の大船以南（逗子まで3.4千両）、東北本線（通称宇都宮線）の大宮以北（古河まで3.2千両）、高崎線の大宮以北（鴻巣まで3.2千両）、常磐線の取手以北（土浦まで1.8千両）となる。日中は1時間待ちが当たり前だった昭和50年代と比較すると常磐線は大分ましになったとは思うが、やはり他線に劣っている。

　なお、以上の数字には特別料金を必要とするグリーン車が含まれている。普通列車扱いの「おはようライナー」「ホームライナー」等も含んでいるが、特急（や急行）列車は含んでいない。東海道新幹線と東北・上越新幹線が開業した現在では在来線特急列車は各線区とも総通過車両数の数％程度を占めるに過ぎないが、例外は新幹線のない常磐線で、特急「ひたち」ファミリーが上下合計で0.7千両あり、これが上記の数字には含まれていない。以上をまとめて図示してみた（図6.1）。

　これらの格差は何から生じているのだろうか。これが本章のテーマである。

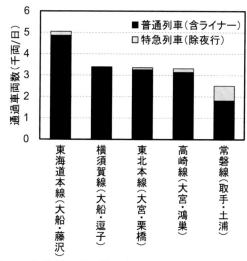

図6.1　各線区の週距離電車入口区間における通過車両数（2010年度）

2．各線区の輸送密度から輸送力差の理由の説明を試みる

　列車本数や通過車両数で定量化される輸送力を設定する主な根拠が輸送量であることは言うまでもない。そして、各駅間の輸送量を示す指標が輸送密度である。

　都心からの各線区の中距離電車区間の入口とも言うべき最初の区間である東海道本線の大船・藤沢間、横須賀線の大船・北鎌倉間、東北本線の大宮・土呂間、高崎線の大宮・宮原間、常磐線の取手・藤代間は各中距離電車区間において輸送量も輸送力も最大である。よって、各線区の輸送力を設定する根拠を明らかにするた

めにこれらの区間における輸送量との関係に着目してみるのが良いと思った。国鉄時代の用語ではあるが、より都心に近い「国電区間」の輸送力は「国電」が主体となってまかなっていると仮定したからである。

各線の各駅間の輸送密度については、運輸政策研究機構発行の『都市交通年報』の2016年4月現在での最新3年間のデータである2009～11年度における定期外＋定期旅客輸送密度の1日当たりの平均値を求めてみた。以降、特記のない限り、本書第2部における輸送密度のデータはすべて同様である。2011年度は特に東日本大震災による長期間運休や計画停電により輸送量が大きく影響を受けた線区があるため、3年間の平均値を用いた次第である。その結果、大船・藤沢間402千人、大船・北鎌倉間161千人、大宮・土呂間294千人、大宮・宮原間346千人、取手・藤代間129千人となった。以上を通過車両数との関係として図示してみる（図6.2）。大まかには輸送量が大きいほど通過車両も多いとは言えようが、少し分かりにくい気がする。

そこで1両当たりの平均乗客数も求めてみた。輸送密度を通過車両数で割った値であり、図6.2上の各プロットと原点とを結んだ直線の傾きの逆数に相当する値である（図6.3）。この値が各線区間で等しければ「東京方面からの中距離電車区間入口の区間で輸送量に応じて公平に輸送力を設定した」と言えそうではあるが、このままの比較ではとてもそのようなことは言えない。藤沢が80人、北鎌倉が47人、土呂が90人、宮原が104人、そして藤代が52人であり、例えば御近所の藤沢と北鎌倉とでは倍半分に近い開きがあるからである。参考までに、現在のJR東日本の主力の中距離電車用車両である普通車の4扉ロングシート車の座席定員は（扉間7×3＋車端3×2）×2＝54名／両であるから、この値を目安に混雑の状態を想像していただければと思う。終日平均でも藤沢では座席定員よりも5割も多い客がいる一方で、御近所の北鎌倉では座席定員以内である。そして、土呂、宮原が藤沢よりも混んでいる一方で、輸送サービス水準が低いと言われてきた常磐線の藤代では実は混雑度が低いことが分かる。

とはいえ、常磐線には特急列車が頻繁に走っている。これには特別料金を要するため、東京通勤への利用度が比較的低い、すなわち乗車率が普通列車と比較して低いはずである。そこで、常磐線については普通列車のみを対象として1両当たりの平均乗車人数を求めてみたい。通過車両数は前述のとおり1.8千両／日である。JR東日本のWebで閲覧可能な会社要覧掲載の我孫子・土浦間下り特急列車の乗客数を2倍して

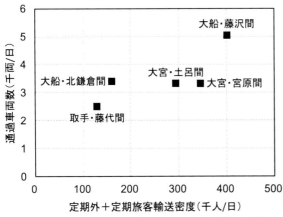

図6.2 各線区の中距離電車区間入口の1駅間の定期外＋定期旅客輸送密度と通過車両数との関係（輸送密度は2009～11年度の平均値）

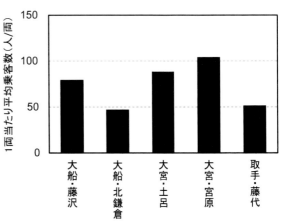

図6.3 各線区の中距離電車区間入口の1駅間における1両当たりの平均乗客数（2009～11年度の平均値）

1日当たり25千人(2009～11年度の3年間の平均値)を特急列車の乗客数と推定し、『都市交通年報』掲載の全種類の列車の乗客数の値から差し引いて、104千人／日を普通列車による輸送密度と推定した。同様の方法で、公開データから求めた東海道本線の小田原・熱海間の「踊り子」号の1日当たりの乗客数は5千人であった。それ以外で特急列車の走る東北、高崎の2線区については乗客数のデータが非公表であるが、無視できるほどの値であると見なし、全列車の乗客数を普通列車の通過車両数で割った値を示す(図6.4)。取手・藤代間における普通列車の1両当たりの平均乗客数は58人となった。特急列車を含んだ場合が52人であるから確かに多いが、図6.3中の大小関係や常磐線の位置づけが変わるほどの変化ではないことが分かる。ちなみに宮原では6人、藤沢は3人、土呂は2人弱多いので、常磐線が特異と言うわけでもない。実際、常磐線は定期券客を主対象として朝の上り、夕方の下りに特急列車を走らせ、さらに、勝田以遠との特急列車にも定期券で乗車可能である。「中距離電車輸送」において特急列車と普通列車とを区別する意味が薄れてきているとも言えよう。そこで、以下、本章では簡便のため、両者の区別をしないでデータを取り扱っていきたい。ただし、普通列車のみの1両当たり平均乗客数は、特急列車を含めた場合と比較して、常磐線と高崎線では約6人、東海道本線では3人、東北本線では2人多いことを念頭に置いていただければと思う。

いずれにせよ、各線区間の差は縮まらなかった。

3. 東京からの距離と輸送力との関係

中距離電車区間の入口でこれほどに混雑度が違うのは、東京からの距離が違うからではないか。そこで、東京からの距離(営業キロ)と前述の各区間の輸送密度との関係を示す(図6.5)。しかし、相関があるようには見えない。

とはいえ、線区ごとに見ていけば、東京から遠ざかるにつれて輸送密度が下がっていく傾向は共通しているはずである。そこで、『都市交通年報』に輸送量が掲載されている各中距離電車区間の東海道本線 大船・大磯間、横須賀線 大船・久里浜間、東北本線 大宮・古河間、高崎線 大宮・行田間、そして常磐線 取手・ひたち野うしく間の各区間の輸送密度について、東京駅からの営業キロとの関係を図にしてみた(図6.6)。東京からの距離が同じであっても、輸送密度にはずいぶんと差があることが分かる。

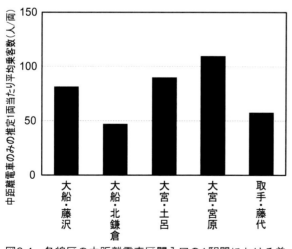

図6.4 各線区の中距離電車区間入口の1駅間における普通電車(「ライナー」を含む)の1両当たりの平均乗客数(2009～11年度の平均値)

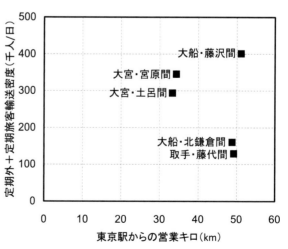

図6.5 各線区の中距離電車区間入口の1駅間目における東京からの営業キロと定期外＋定期旅客輸送密度との関係(2009～11年度の平均値)

東京から遠ざかるにつれて横須賀線の輸送密度が極めて低くなるのは久里浜（東京から70.4km）が行き止まりだからである。

次に、図6.6と横軸を同じにして、縦軸を1両当たりの平均乗客数としてみた（図6.7）。東京からの距離と、混雑度を指標とした輸送サービスとの関係に線区の間の格差が存在するかどうかを確認するためである。各線区の対象距離が完全には一致しないので一部しか比較できないが、全線区で共通の対象となっている東京駅からの距離が45～60kmの範囲で比較すると、東海道本線が際立って多く、次いで常磐線と高崎線が同程度、前2者より20人弱少ない横須賀線と東北本線、という関係となった（図6.8）。同じ距離帯で比較すれば、常磐線が高崎線と同程度という結果である。

以上、東京駅からの距離と1両当たりの平均乗客数との関係にまで踏み込むと、線区間の輸送サービスの格差について新たな面が見えてくる。東京からの距離をそろえて比較すると、常磐線のサービスがやや劣ることは否定できない。これはいわゆる「国電」である直流区間専用の常磐線快速電車が東京からの営業キロ43.2kmと比較的距離のある取手まで乗り入れていることに原因がある。東京から30.3kmしかない大宮が入口の東北・高崎線の中距離電車区間と比較すると、高価な交直流両用車両が必要な常磐線中距離電車の役割がかなり限定されてしまうからである。東京からの距離が49.2kmの藤代での1両当たり平均乗客数52人が最高値では、常磐線中距離電車区間の輸送力を増強する根拠にはなりにくい。これが常磐線の「不運」なのだと思う。

4．中電も「国電区間」の輸送を担っている
—山手線に接続する1駅間で比較

これまで見てきた範囲では、輸送サービスの線区間格差の妥当な理由をなかなか見出すこと

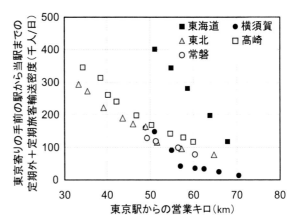

図6.6 各線区の中距離電車区間各駅における東京からの営業キロとその駅から東京方の定期外＋定期旅客輸送密度との関係（2009～11年度の平均値）

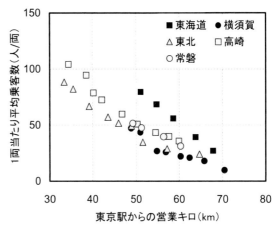

図6.7 各線区の中距離電車区間各駅における東京からの営業キロとその駅から東京方の1両当たりの平均乗客数との関係（2009～11年度の平均値）

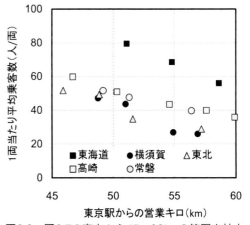

図6.8 図6.7の東京から45～60kmの範囲を拡大

ができなかった。

しかし、諦めずに、何らかの根拠があるという前提の下であれこれと考えてみた。その結果、中距離電車区間の輸送力は、より都心に近い、

いわゆる国電区間の輸送にも大きく寄与しているという当たり前の事実にたどり着いた。要するに、中距離電車区間の大船口、大宮口、取手口の輸送量ではなく、各線の都心への入口を（あくまでも電車名としての）山手線への接続駅と設定して、東海道本線なら品川口（京浜東北線、湘南電車、品鶴線＝横須賀線＋湘南新宿ライン）、東北本線ならば田端口（京浜東北線、東北本線＝宇都宮線、高崎線）および池袋口（赤羽線、東北貨物線＝湘南新宿ライン）、そして常磐線の日暮里口の輸送にも中距離電車の輸送力が必要不可欠ということである。今回取り上げた中距離電車は都心に直通しているものばかりであり、国電区間内のみであっても自由に乗降可能だからである。

東海道本線については品川口として品川・大井町間と品川・西大井間（品鶴線）の輸送密度を合計し1,439千人／日、東北本線については田端口として田端・上中里間で741千人／日（尾久支線を含む）、池袋口として池袋・板橋間（正式名称は赤羽線であるが）で725千人／日、常磐線については日暮里口として日暮里・三河島間の輸送密度446千人／日となった。各区間における通過車両数は品川口14.4千両、田端口10.2千両、池袋口6.0千両、日暮里口5.3千両であった。以上には京浜東北線や常磐線快速電車（エメラルドグリーンの帯の電車）の輸送量と通過車両数が含まれている。品川口で2線区分を合算したのは、『都市交通年報』の輸送量データでは、経路特定区間での直通客数のすべてが運賃計算ルートに割り当てられているために、本線と別線に区分されたデータが、実際の輸送量配分を反映していないからである。品川・鶴見間（川崎経由または新川崎経由）と日暮里・赤羽間（田端経由または尾久経由）である。なお、品川口の値には、実際には品川に乗り入れていない湘南新宿ラインの電車の輸送量と輸送力も含まれている。乗車券の販売データでは区別できないからである。

そして、1両当たりの平均乗客数を求めた。その結果、品川・大井町／西大井間が100人／両、田端口（田端・上中里間）が73人／両で池袋口（池袋・板橋間）が122人／両、日暮里・三河島間84人／両となった（図6.9）。明らかな差が見られる。特に、同じ東北線系統でありながら、田端口（田端・上中里間）の輸送密度が741千人で池袋口（池袋・板橋間）が725千人と同程度である一方で通過車両数が10.2千両対6.0千両と大きな差があるため、1両当たりの平均乗客数が倍半分に近い開きとなったわけである。これでは「不公平」は拡大する一方である。

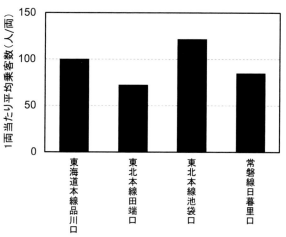

図6.9　各線区の山手線接続区間における1両当たりの平均乗客数（2009〜11年度の平均値）

5.「東海道線」「東北線」「常磐線」の各方面をグループ化して平均乗客数を求める

とはいえ、池袋口と田端口の値を平均すると品川口の値にかなり近づきそうである。そこで、東北線の池袋口と田端口とを「東北線グループ」として統合し、1両当たりの平均乗客数の両駅口間の平均値を求めてみた。両者の輸送密度の合計値を、両者の通過車両数の合計値で割った値である。すると、91人／両という値が得られた。品川口の100人／両に近づいた。

常磐線については、「常磐線グループ」として西日暮里で山手線に接続するメトロ千代田線も含めてみよう。同線は綾瀬から常磐線各駅停車となり直通し、実質的に常磐線の役割を果たしているからである。そのことを目的として国鉄の代わりに営団地下鉄が建設したと見なしてよいだろう。山手線に接続する千代田線西日暮里・町屋間の輸送密度が475千人／日で通過車両数が4.7千両／日であるので、1両当たりの平均乗客数は102人／日となる。快速線よりも大幅に混んでいるわけである。中距離電車を含む快速線の日暮里口（日暮里・三河島間）は447千人を5.3千両で運んでいるので、1両当たりの平均乗客数が84人であった。両者を合計すると、921千人÷10.0千両であるから平均乗客数は92人／両となる。これで東北線グループを追い抜き、東海道線グループに近づいた。

ここまで来たら「中央線グループ」「総武線グループ」の平均乗車人数も求めてみよう。山手線と接続している他のJR線群の2つのグループ化である。新宿で接続する「中央線グループ」（新宿・大久保間の複々線）と「総武線グループ」（総武本線東京・新日本橋間＋京葉線東京・八丁堀間＋総武支線秋葉原・浅草橋間の合計6線分）である。これらのうち総武本線と京葉線＋外房線の東京・蘇我間は「経路特定区間」であり、『都市交通年報』の輸送量データのみからはそれぞれの実際の輸送密度を求めることは不可能であるが、これらグループ内で合計して平均値を求めるのであればこれで構わない。平均乗客数は「中央線グループ」で92人／日、「総武線グループ」でも91人／日となった。先に求めた東北線と常磐線の各グループの値にほぼ等しい（図6.10）。これらの値を求めるのに用いた、輸送量（輸送密度）と輸送力（通過車両数）との関係も示す（図6.11）。東海道線グループを別にすれば、同じ基準で輸送量に応じて輸送力を設定していると納得できる。

すなわち、個別の複線ではなく、途中の経由地が異なるか速度（停車駅）の異なることもある線路を方面別のグループとして統合すれば、1両当たり平均乗客数の、山手線に接続する区間での値がほぼ等しいということである。東海道線グループは多めだが、輸送力設定の限界に達しているということなのだろうか。詳しく言えば、品鶴線には未だ余裕があるが、川崎経由の本線の方の輸送力が限界に達しているように見える。

なお、1両当たり平均乗車人数が約100名というのは現在のJRの通勤電車の1両当たりの座席数の約2倍である。ラッシュ時もあれば日中もあっての平均値である。

ただし、本章でもいくつか例を示したように、各グループ内には線区間格差が存在している。

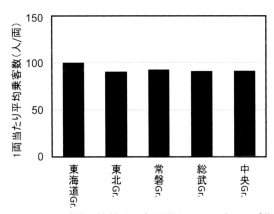

図6.10　山手線に接続する各区間を5つにグループ化し、各グループにおける1両当たりの平均乗客数（2009〜11年度の平均値）

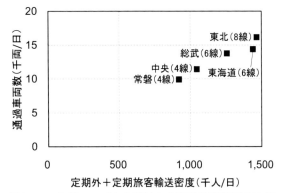

図6.11　各グループの定期外＋定期旅客輸送密度と通過車両数との関係（2009〜11年度の平均値）

第2部　東京圏通勤電車の輸送力設定

6．車庫の位置がもたらす中距離電車区間のサービス格差

　都心部の山手線での接続部では方面別グループとして見れば輸送量に対する輸送力の設定がほぼ公平である一方、郊外部ではそうなっていない。ここでもう一度、各線区における、中距離電車区間の最大となる1両当たりの乗客数をひっぱり出してきて、線区ごとに都心入口（山手線接続部）の値と並べてと比較してみよう（図6.12）。これらと各線区の線路数という制約、そして電車区（車庫）の位置を考え合わせると、中距離電車区間において1両当たりの平均乗客数に差が生じている理由が見えてくると思う。電車の車庫の位置がもたらす格差である。以下、具体的に述べる。

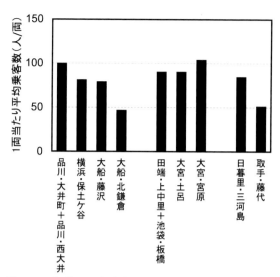

図6.12　各線区の山手線接続区間および中距離電車区間最大となる1両当たり平均乗客数（2009～11年度の平均値）

(1) 車庫の存在で得をしている横須賀線と東北本線

　輸送量に対しては東海道本線より大きめに設定されている横須賀線（大船・久里浜間）の輸送力はむしろ、正式名称が東海道本線となる大船から東京方面のために用意されたものと解釈した方が良さそうである。逗子や久里浜の留置線の存在ゆえに、横須賀線内の乗車率が低くても、東京方面からの電車が大船で打ち切りということはないであろう。横須賀線が都心に直通していることが旅客にとって有利に作用しているということである。もちろん、都心直通に値する輸送量があったからこそなのだと思うが。

　そして、電車区の位置によってもっと得をしているのが東北本線の久喜・古河・小金井間であろう。小金井の宇都宮方に小山車両センター（旧小山電車区）があり、東京から88.1kmも離れていて（東海道本線ならば早川と根府川の間、高崎線ならば本庄と神保原の間、常磐線ならば石岡と羽鳥の間に相当）普通列車で90分を要するにもかかわらず、朝は5分間隔で上り電車が出発する。2011年3月のダイヤ改正まで、57.8kmも離れた大宮との間での輸送力がほぼ均等であった。途中に車庫がなく、全く折返しをしなかったからである。大宮から久喜（東京から48.9km）、またはせいぜい古河（東京から64.7km）までの輸送量に対応するための輸送力を小金井まで引っ張っているのが東北本線（宇都宮線）である。古河までの平均乗客数が24人／両であり、東京から同距離帯の平均乗客数よりも低めである（図

東京駅付近を走行する山手線電車（右）

6.13)。古河・小金井間はもっと少ないであろう。

近年、さすがに輸送力過剰と判断されたためであろう。日中は1時間に1本、小金井まで来ずに古河で折り返すようになった。しかし、2016年3月現在、朝の上りの2本（古河始発）、夜間の下り1本（古河止まり）を別にすれば、朝夕の通勤時間帯の電車はすべて小金井（または宇都宮）から（まで）走る。夜間は車両が電車区にいる必要があるからであろう。

久喜か、せめて古河に電車区を設けて折り返すようにして乗車率を上げたいというのが本音だと思う。しかし、用地買収を伴う車両基地を新たに建設するよりは、低い乗車率に耐えるのがコスト面で得策なのだと思う。そもそも、今さら電車区を建設する土地はないであろう。

一方、東北本線とは逆に、東京に「近からずといえども遠からぬ」我孫子（東京から37.1km）と天王台の間に車庫（現・松戸車両センター我孫子派出所）を作ったのが常磐線である。大方の東京通勤需要は我孫子の車庫からの電車（6.1km離れた取手折返しを含む）でまかなうことが可能である。さらに、取手・藤代間のデッドセクションの存在もあり、交直両用電車が必要な中距離電車増発のインセンティブは働きにくくなる。

(2) 埼京線の車庫ができれば良かった高崎線

赤羽・川口間＋赤羽・北赤羽間の平均値、さいたま新都心・大宮間＋北与野・大宮間の平均値、大宮・土呂間、大宮・宮原間、川越線大宮・日進間の1両当たりの平均乗客数を示す（図6.14）。郊外部で都心部を上回る1両当たり平均乗客数を示しているのが高崎線である。これは自区間外の線路容量の制約からやむを得ず生じているものである。高崎線大宮以北では朝ラッシュ時に未だ増発の余地があるにもかかわらず大宮で宇都宮方面からの東北本線（宇都宮線）と合流するためにこれ以上増発することができず、大宮・宮原間では郊外部でありながら1両当たりの平均乗客数が100名／両を超える事態となっている。すなわち、独立した複線で他線からの合流が東神奈川での横浜線以外にない京浜東北線を別にすると、東北本線、高崎線、川越線の3複線が大宮で合流して上野東京ラインとなる（本章のデータでは未開業だが）中電用の列車線＋湘南新宿ラインを名乗る貨物線＋埼京線と3複線のまま都心に向かうが、池袋の新宿方で埼京線と湘南新宿ラインが合流し、3複線が結局2複線に減少してしまう。池袋までの湘南新宿ラインや埼京線に線路の余裕があっ

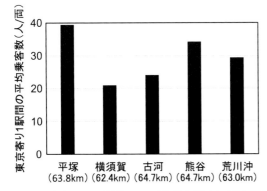

図6.13 東京からの営業キロが東北本線古河駅と同等の各駅から東京方の1両当たり平均乗客数の比較（2009～11年度の平均値；ただし、熊谷と荒川沖の値は、それぞれ、乗降客数13.6千人／日の行田と12.6千人／日のひたち野うしくの7割が上り方面、3割が下り方面と仮定して推定した値）

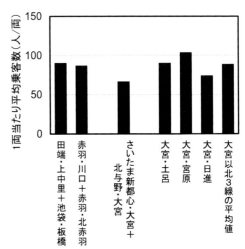

図6.14 東北線グループにおける山手線接続区間や中距離電車入口区間における1両当たり平均乗客数の比較（2009～11年度の平均値）

ても、新宿に直通する電車の増発は不可能ということである。

その一方で都心側の混雑は田端口と池袋口を平均すれば「適正」である。ただし、田端口の輸送量には1両当たりの平均乗客数が73人と余裕がある一方、池袋口が122人とパンク状態にあるのは図6.9に示したとおりである。東京の重心がそれだけに西側に移動してきているということなのだろう。2015年3月に開業した東京・上野間の中距離電車用の線路である「上野東京ライン」はこの偏りをいくらかでも取り戻しているのだろうか。

一方、大宮の都心方向では各線を合計した1両当たり平均乗客数に余裕がある。したがって、京浜東北線または埼京線の大宮止まりとなっている電車を高崎線に乗り入れさせれば、問題は解決するはずである。大宮付近で高崎線に隣接しているのは埼京線（川越線）であり、乗り入れるとすれば京浜東北線ではなく大宮の北側・鉄道博物館付近で併走する埼京線が適当であろう。現在、埼京線の電車は大宮から川越線に乗り入れている。埼京線北与野・大宮間の1日当たりの通過車両は3.3千両であるのに対し、川越線大宮・日進間ではわずか1.5千両と大きく段落ちする。大宮止まりの電車が半数以上ということになる。川越線の輸送密度が、例えば大宮・日進間では112千人／日と低いからであるが、この程度の車両数でも大宮・日進間の1両当たり平均乗客数は74人／両であるので、他線と比較すれば川越線には適正な輸送力である。したがって、埼京線の大宮止まりの電車の半数程度を高崎線に乗り入れさせれば、高崎線大宮・宮原間の混雑度は東北線大宮・土呂間程度には低下する。

ただし、それが実現していないのは埼京線と高崎線の線路がつながっていないからである。強いてつなげようとすると大宮以北で川越線との平面交差が生じてダイヤ編成上のネックとなる可能性がある。それを避けるためには立体交差を建設しなければならず、コストの問題が生じる。

当初の計画では「通勤別線」と呼ばれた現在の埼京線は、当時単線非電化であった川越線だけではなく高崎線にも乗り入れる予定であった。当初計画どおりであれば、大宮以北の3つの線区の間の乗車率は均等に近くなっていたと思う。それができていないのは、当初予定されていた戸田・浦和市境に電車区が建設できずに予定になかった川越線の南古谷に車庫（川越車両センター）を建設したこと［6.6］にも原因があると思う。もしも南古谷ではなく高崎線の沿線のどこかに建設していたらとも思うが、開発が進んでいた高崎線沿線にもやはり適当な土地はなかったであろうから、やむを得なかったということになるのだろう。

今からでも、埼京線の電車を高崎線に直通させられないものかと思う。もちろん、川越線上り線と高崎線下り線との平面交差は避けたい。川越線はともかく、15両編成が主体の高崎線の列車本数は少なくないからである。立体交差を安く建設する土木技術がないものかと思う。

なお、電車区の場所による、分岐線間の輸送量と輸送力設定の関係についての不整合は、例えば東武動物公園以北における東武日光線と伊勢崎線との間（電車区は日光線側の南栗橋）にも見られる。また、立川以西における中央本線と青梅線との現在の関係（電車区は中央本線側の豊田）では、青梅線側に輸送力増強が望まれる。本書の付録をご参照いただきたい。

7．まとめ

中距離電車区間のある東京圏JR放射状線における輸送量と輸送力との関係を見てきた。中距離電車区間の混雑度に線区間の格差が生じていることは事実であるが、これは意図的に設けられた格差ではないと結論付けられる。

すなわち、個別の複線ではなく、途中の経由地が異なるか速度（停車駅）の異なることもある線区をまとめた方面別グループの1両当たり平均乗客数を、山手線に接続する区間での値が等しくなるように輸送量に応じて輸送力を設定していると仮定すると、東海道線グループは多目だが、現状をうまく説明できることが分かった。「国電区間」外から都心に直通する中距離電車の輸送力は、この一部を担うように設定されている。

一方、都心部から距離のある中距離電車区間における線区間格差は、電車の車庫の位置が大きく影響していることを示した。大規模な用地の取得を必要とする車庫が必ずしも東京からの距離に応じた現在の輸送量に見合った最適な場所に建設されるとは限らず、これが線区間格差を生じさせていることを示した。

また、各グループ内にも線区間格差が存在している。例えば東京駅での総武快速線と秋葉原での各駅停車との間には混雑に大きな差がある。東北本線の田端口と池袋口との間の差も大きい。乗客としては解消を望むところである。しかし、これには用地取得を伴う線路増設を必要とするが、都心部ではもはや不可能である。鉄道事業者の立場としては新たな投資をせずに、比較的空いている同グループの他線区を利用して欲しいであろう。あえて投資しようとすれば莫大なコストを必要とし、それは経営かさもなければ運賃に跳ね返ってくることになる。しかも、生産年齢人口が減少を開始した現在、輸送量には伸びどころか減少が見込まれている。多額の投資を必要とする施策には慎重であるべきだと思う。

【参考文献】
[6.1] 運輸政策研究機構：都市交通年報平成23、24、25年版（2009～11年度のデータ）
[6.2] JRR編：普通列車編成両数表、Vol.24（2009年）およびVol.25（2010年）、交通新聞社
[6.3] JR東日本：会社要覧（2009、10、11年度のデータ）
[6.4] 東京時刻表、交通新聞社、2009年6月号、2009年11月号、2010年3月号
[6.5] JTB時刻表、JTB、2009年5月号
[6.6] 髙松良晴：鉄道ルート形成史、pp.138、日刊工業新聞社、2011年

第2部 東京圏通勤電車の輸送力設定

第7章
忙しすぎる複線と暇な複々線

1. はじめに

複線化や複々線化といった線路増設は逼迫する輸送力を増強する「最後の手段」である。鉄道会社としては手間と時間と費用を要する用地買収の必要な線路増設の決断を簡単に下せるものではない。将来の輸送量、そして収支の見通しを立てた上で慎重に決めなければならない。

首都圏の鉄道についていえば、都心から放射状に伸びる主要幹線の複線化は線区終端の一部（JRの埼京（川越）線、房総各線、西武秩父線、京急久里浜線等）を除いて完了していると言って良い。しかしながら、東京への集中は複線では運びきれない、あるいは運べたとしてもノロノロ運転とならざるを得ないほど大きな旅客需要を発生させている。緩急分離のための複々線化が求められ、昭和40年代に始まった国鉄による五方面作戦をはじめとして、近年ようやく私鉄でもまとまった距離の複々線区間を目にするようになってきた。

実際のところ、輸送密度と線数とはどのような関係にあるのだろうか。

『都市交通年報』に輸送量が掲載されている首都圏各線（都心から60～70km圏内のJRおよび私鉄の各線で新幹線を除く）の全1,481区間（駅間）の2009～2011年度の3年間の日平均の輸送密度とその区間の線数との関係を図にしてみた（図7.1）。ただし、京浜急行のみ2009年度のデータが掲載されていなかったため後の2年間の日平均値である。輸送密度の最

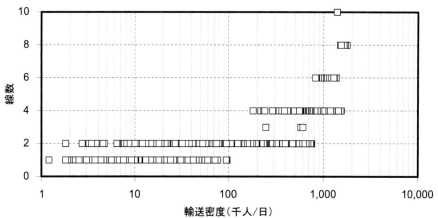

図7.1 首都圏1,481駅間における輸送密度と線数との関係（2009～11年度の日平均値）

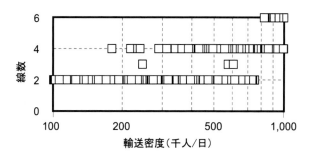

図7.2 図7.1の輸送密度100千人以上1,000千人以下の区間の密度と線数の関係を拡大（2009～11年度の日平均値）

低値と最高値とでは数桁違うため、横軸は対数目盛とした。

線路の数がその区間の輸送密度のみを基準として決められているとすれば、図7.1のグラフに縦方向の重複は見られないはずである。すなわち、ある輸送密度に対する線数は1つの値に決まるはずである。しかし、実際には明らかな重複が見られる。特に輸送密度200～700千人／日程度の間では、複線か複々線かの違いが輸送量の大小以外で決まっているようにすら見える（図7.2）。

以下、これらの「不条理」を個別に見て行く。

2．1線当たりの輸送密度が高い線区

首都圏の各線区のうち、1線当たりの輸送密度が1日当たり300千人を超える区間の密度を、各線の最大値の大きい順に並べてみた（図7.3）。首都圏では1線当たりの輸送密度が200千人／日を超える区間は数多くあるが、300千人／線以上となるとわずか8線区（JR山手線、JR総武支線、小田急小田原線、JR中央本線、京王電鉄京王線、東急田園都市線、JR東北本線、メトロ東西線）にしかない。首都圏の名だたる混雑区間がずらりと並んでいる。最高値は山手線の新宿・新大久保間の385千人／線日で、いわゆる山手線の複線と山手貨物線（埼京線、湘南新宿ライン）の複線が並ぶ4線区間である。

3．忙しすぎる複線区間

図7.3に登場したこれら8線区のうち、複々線区間は山手線および東北本線（2015年3月の「上野東京ライン」開業により4線が6線に増強され、1線当たりの輸送密度が300千人／日を下回るようになったため、2016年4月現在は除外するのが適当）にしかなく、他は複線である。これらの6線区はいわば「忙しすぎる複線区間」である（図7.4）。複々線ならば1線当たりの輸送密度が高くても構わないであろうが、速度や停車駅の異なる列車が混在する複線では、特

昭和40年代の複々線化工事（中央本線三鷹駅構内）

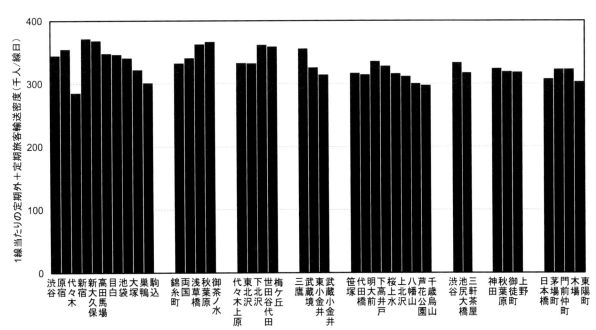

図7.3　1線当たり定期外＋定期旅客輸送密度が30万人／日以上の区間（2009～11年度の日平均値）

にラッシュ時の優等列車の表定速度が著しく低下する。小田急線、京王線、そして東急田園都市線といえば首都圏私鉄で住んでみたい沿線としての東京の西側の人気路線であるが、混雑が激しく朝ラッシュ時はノロノロ運転である。JR線の中では中央本線も人気があるが、同様の状況である。現在複々線化工事が進捗しているのは小田急線のみである。他の線区については工事に着手したものはなく、当面は乗客の自然減または競合線区や迂回ルートの輸送力増強に期待するしかない状況である。京王線は笹塚・つつじヶ丘間の複々線化が都市計画決定したが、着工は早くても2022年度である。総武支線の錦糸町・御茶ノ水間は都心部に近いので我慢もできようが、競合線区の関係にある中央本線と京王線とはどちらも朝のラッシュ時はパンク状態であり、互いにライバルのこれ以上の活躍には期待できない状況である。そして、他のJR各線と比較した中央本線および大手私鉄各線と比較した京王線の朝ラッシュ時の電車は明らかに遅い。

一方、ここに登場する複々線区間では、山手線とほぼ並行するメトロ副都心線の東急東横線との直通運転が2013年3月に始まり（したがって2011年度までの統計を使用している本章ではその影響が表れていない）、東京・上野間の「上野東京ライン」が2015年3月に開業するなど、着実な対策が講じられてきた。副都心線は地下線であり、上野東京ラインは既存の電留線や新幹線の高架の直上を活用するものである。用地買収の問題が比較的小さかったことが幸いして、これらの複々線区間での更なる輸送力増強を可能にしたということである。

4．暇な複々線

忙しすぎる複線、すなわち早急な複々線化が必要な区間がある一方で、1線当たりの輸送密度が明らかに低い複々線区間もある。1線当たりの輸送密度が100千人／日以下の区間を並べてみた（図7.5）。なお、JR総武本線の津田沼・稲毛間は統計上100千人／線日を超えているが、東京・蘇我間の通し客で実際には京葉線を利用していても総武本線経由として乗車券（定期券を含む）を発行する経路特定区間であり、実際の総武線利用客の輸送密度は61〜140千人／日だけ低いと推定し（推定方法については第9章にて述べる）、「暇な複々線区間」の仲間に加えた。

登場する線区を眺めて最初に気が付くのは、密度が高くないにもかかわらず支線の分岐と車庫との関係で列車本数が多いために複線にした

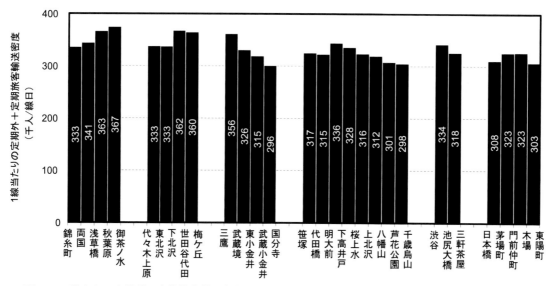

図7.4　1線当たり定期外＋定期旅客輸送密度が30万人／日以上の複線区間（2009〜11年度の日平均値）

区間（京急本線の金沢文庫・金沢八景間、京成本線の青砥・京成高砂間）が複々線化されていることである。これは輸送量というよりも運転上の都合によるものである。とはいえ、江ノ島線の電車が乗り入れる小田急小田原線の町田・相模大野間は複線のままで1線当たりの輸送密度が227千人／日もあるのを知ると、会社によって施設の投資に対する考え方がこれほどまでに異なっているのだろうかと考えたりする。

さて、本題である。「暇な複々線」の残りはJRの2線区と東武の1線区である。JRの複々線区間の終点である常磐線の取手と総武本線の千葉はそれぞれ東京から43.2kmおよび39.2kmの距離があり、さすがに都心から遠いということなのだろう。通勤需要も「息切れ」し始める距離というところか。東北本線の大宮は東京から30.3kmである。常磐線と総武本線には特別料金を必要とする特急列車の需要があり、緩急分離の区間を長くすることにより新幹線のない線区の長距離輸送の速達性を確保するという大義名分もあったのだろうが。

しかし、常磐線の柏・取手間で快速線が通過するのは今や北柏の1駅のみである。現在の基準で投資の可否を判断するならば、北柏にも中距離電車や快速電車を停めて、複々線区間は柏までとなっていただろう。2010年度の時刻表によれば、我孫子・取手間の緩行線を走る電車は平日ではわずか24往復である。天王台・取手間の利根川に長さ1kmに近い高価な橋梁を架けた緩行線の利用がその程度である。経営上、緩行線の利根川橋梁の寿命が来れば架け替えずに緩行線の我孫子・取手間を廃止するのが得策だと思うが、この程度の使用頻度（列車荷重による劣化）では寿命すら当分来ないと思う。このような区間に金をかけるなら複線のままの日暮里・北千住間に投資をしてくれれば良かったのにとか、西日暮里・北千住・綾瀬間の線増も営団地下鉄に任せずに国鉄が行って、快速線から三河島と南千住を外してくれればよかったのにと思わずにはいられない。

「暇な複々線」のうち唯一の私鉄は東武である。伊勢崎線（現在の通称「スカイツリーライン」）の竹ノ塚以北は以南から14年後れの1988年から複々線が伸び始めた区間であり、北越谷まで達したのは2001年である。首都圏私鉄では1974年に最初の複々線区間を開通させ、そ

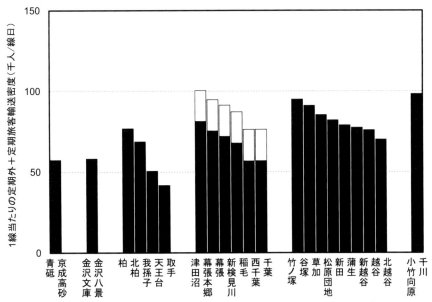

図7.5　1線当たり定期外＋定期旅客輸送密度が10万人以下の複々線区間（2009～11年度の日平均値；津田沼・千葉間の白い棒は、経路特定区間における実際の輸送密度の推定値の最大と最小の間の幅を示す）

の後も着実に伸ばしてきた東武鉄道の取り組みには敬意を表するが、計画をそのまま実現したことが良かったのかどうか気になるところである。一方、もっと速く走って所要時間を短縮することでせっかくの複々線を有効活用することができないかと実際に乗車してみて思った次第である。

なお、メトロ有楽町線（副都心線との併用区間）のうち小竹向原・千川間のみが「暇な複々線区間」の仲間入りをしている。都心側からは複々線区間の末端部となる。これについては2013年3月に開始した私鉄5社相互乗り入れにより密度がもう少しは高くなると思うので、あまり気にする必要はないと思う。

さて、運転上の理由以外で設けられた「暇な複々線」上位3線区はいずれも東京の東側の地区に存在していることに気が付く。西側に比べれば人口密度が比較的低く、複々線化のための用地買収が比較的容易であったのではと思う。

なお、このランキングには登場しなかった「次点」の区間は東武東上線の朝霞台・志木間の1線当たり106千人／日である。

5．忙しい単線区間

輸送密度の比較的高い、50千人／日以上の単線区間をリストアップしてみた（図7.6）。

いずれも都心から放射状に伸びる線区ではなく、支線の扱いを受けている線区（JR川越線、西武国分寺線、東武野田線の柏をはさんだ2区間）である。日進・川越間が未だに単線（埼京線開業時に大宮・日進間のみ複線化した）であるのは、川越線が埼京線の一部に「格上げ」されたのが国鉄の投資に対する基準が厳しくなった昭和末期という事情によるのであろう。

参考までに、競合線区である東武東上線の新河岸・川越間（複線）の輸送密度は243千人／日であり、JR川越線（埼京線）の南古谷・川越間の66千人／日の4倍弱である。埼京線の強みは新宿や渋谷に直通していることであるが、2008年のメトロの副都心線の本格開業により東武東上線から新宿三丁目や渋谷にも直通電車が走るようになった。今後どのような推移をたどっていくのか興味がある。

副都心線本格開業前年の2007年度を基準として、その前後の年度の両区間の輸送密度の推移を求めた（図7.7）。リーマン・ショックの影響を受けてか2008年度から両区間とも減少傾向にあるが、東武東上線の減少率が比較的低い。2008年開業の副都心線の効果であろうか。

6．理想的な例―東海道本線

ここまで、輸送密度と線路数との関係の不条理ばかり紹介してきた。最後に理想的な例として東海道本線を紹介する。要するに「忙し過ぎ

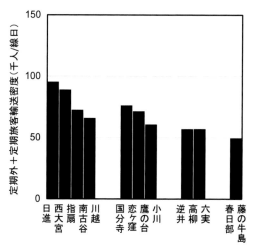

図7.6　1線当たり定期外＋定期旅客輸送密度が5万人以上の単線（2009～11年度の日平均値）

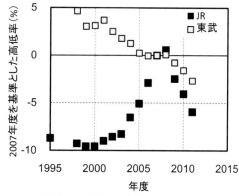

図7.7　JR川越線南古谷・川越間と東武東上線新河岸・川越間の定期外＋定期旅客輸送密度の推移

ず、暇過ぎない」線であり、今回のランキングには全く登場しなかった。

東海道本線は都心区間の東京・品川間での在来線の線路数が8線（通称名で山手線、京浜東北線、湘南電車＝中距離電車、地下を走る横須賀線の複線が合計で4複線分）と多く、品川で山手線が分かれて6線に、横浜で根岸線（京浜東北線）が分かれて4線に、そして大船で横須賀線が分かれて2線と、郊外に行くにしたがって線路数が漸減する。なお、貨物線は除外した。

2009～11年度の3年間の1日当たりの平均の輸送密度を示す。まず、全部の線路の合計の輸送密度である（図7.8）。『都市交通年報』における東海道本線のデータ掲載区間は東京・大磯間の67.8kmであるが、最高値は東京・有楽町の1,741千人／日、最低値は平塚・大磯間の118千人／日であり、その差は約15倍である。

次に、1線当たりの輸送密度を求めて示す（図7.9）。最高値は品川・大井町間の243～264千人／線日（第9章で述べる、品鶴線の実際の輸送密度の推定幅のため）、最低値は平塚・大磯間の61千人／線日で、その差は4倍程度に縮まった。要するに、輸送密度に応じて線路数を調節しているから区間による1線当たりの輸送密度の偏りが小さくなり、バランスが取れているということである。「複線を維持するためにこれ以上線路数を減らせない」大船以南では1線当たりの輸送密度が漸減していくが、東京・大船

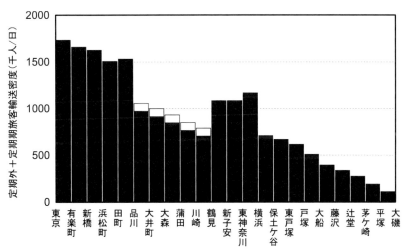

図7.8　東海道本線東京・大磯間の輸送密度（2009～11年度の日平均値；品川・鶴見間の白い棒は、経路特定区間における実際の輸送密度の推定値の最大と最小の間の幅を示す）

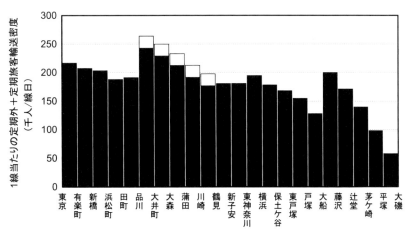

図7.9　東海道本線東京・大磯間の1線当たり輸送密度（2009～11年度の日平均値；品川・鶴見間の白い棒は、経路特定区間における実際の輸送密度の推定値の最大と最小の間の幅を示す）

間ではほぼ200千人／線日である。2線（複線）ならば400千人／日である。

東海道本線が恵まれているのは、新幹線があるために長距離輸送の負担がなく通勤輸送に専念できることに加えて、緩急分離が完全になされていて、同一線路上を走る電車の速度・停車駅がほぼ均一である点である。

7．まとめ

本章では首都圏各線・各区間の輸送密度と線数との関係を、1線当たりの輸送密度を指標として観察した。

輸送密度によってその区間の線数を決定するのが合理的であるにもかかわらず、必ずしも輸送密度が線数決定の支配要因となっていない区間の存在が明らかになった。1線当たりの輸送密度が過大な複線区間と過小な複々線区間とを対比することにより、用地の確保または投資に必要な資金調達（運賃収入）に改善の余地があるということが改めて浮き彫りになったと言える。

【参考文献】
　[7.1] 運輸政策研究機構：都市交通年報平成23、24、25年版（2009～11年度のデータ）
　[7.2] 国土交通省鉄道局：鉄道要覧
　[7.3] 東京時刻表2009年6月号、交通新聞社

第8章
輸送密度が決める朝ラッシュ時の速度

1. はじめに

　東京圏の大手私鉄を題材に、朝の通勤電車の速度（所要時間）に対する輸送量の影響を明らかにする。

　JRの前身である国鉄は、緩行線と急行線を分離した複々線化プロジェクトである「五方面作戦」を、中央本線を別にして昭和50年代には完成させた。乗客は遠距離からの東京通勤の恩恵にあずかってきた。いわゆる中距離電車の表定速度は朝のラッシュ時でも時速50km台を維持している。

　一方、JRと比較して大きく遅れていた東京圏の大手私鉄の複々線化は近年ようやく完成した、またはしつつあると言って良い。昨今の輸送量の減少傾向の中で供用開始した区間が多く、もう少し早く着工・完成できなかったのかと怩悵たる思いもあるが、もともと輸送量が大きすぎるわけであるから、決して遅きに失したとか無駄というわけではないであろう。

　複々線化が進捗してきた東京圏の私鉄の朝の通勤電車のスピードはどの程度のものだろうか。東京の大手私鉄（東武、西武、京成、京王、小田急、東急、京急、相鉄）に東京メトロとつくばエクスプレスを加えた10社の都心から延びる放射状13線区について、最も輸送密度の高い区間を含む長さ20～30kmの主要区間（**表8.1**）を対象にして、あれこれと見て行くことにする。

　なお、京成線は船橋で、京急線は横浜でJRに乗り換えて都心に向かう乗客の割合が高く、最高の輸送密度の区間がそれぞれ都心のかなり手前にあるためにこのような対象区間設定となった。

　これらの線区について、朝ラッシュ時の上り電車のうち、2010年度における最速の種別（停

表8.1　本章で対象とする区間（2010年度）

会社名	線名（略称）	郊外側駅	都心側駅	距離(km)	上り線2線化率(%)
東武	伊勢崎線（東武伊）	春日部	北千住	28.2	67
小田急	小田原線（小田急）	町田	新宿	30.8	31
東急	東横線（東急東）	横浜	渋谷	24.2	22
東武	東上線（東武東）	川越	池袋	30.5	17
京王	京王線（京王京）	府中	新宿	21.9	16
西武	池袋線（西武池）	所沢	池袋	24.8	14
東急	田園都市線（東急田）	長津田	渋谷	25.6	8
京急	本線（京急本）	横須賀中央	横浜	27.7	5
首都圏新都市鉄道	つくばエクスプレス（つくば）	流山おおたかの森	秋葉原	26.5	0
京成	本線（京成本）	京成佐倉	京成船橋	25.9	0
西武	新宿線（西武新）	所沢	高田馬場	26.9	0
相鉄	本線（相鉄本）	海老名	横浜	24.6	0
東京メトロ	東西線（メ東西）	西船橋	大手町	20.1	0

第2部　東京圏通勤電車の輸送力設定

表8.2　私鉄各区間の朝ラッシュ時上り列車の表定速度（2010年度）

	距離 (km)	1線当たり最高輸送密度 (千人／日)	朝所要時間 (分)	日中所要時間 (分)	朝表定速度 (km/h)	日中表定速度 (km/h)	朝に対する日中の速度増分 (km/h)
つくば	26.5	97	27	25	59	64	5
京成本	25.9	101	27	25	58	62	5
東武伊	28.2	127	34	29	50	58	9
西武池	24.8	239	31	23	48	65	17
京急本	27.7	197	35	25	47	66	19
東武東	30.5	235	43	32	43	57	15
西武新	26.9	224	39	30	41	54	12
小田急	30.8	333	47	35	39	53	13
相鉄本	24.6	213	38	31	39	48	9
東急東	24.2	275	38	26	38	56	18
メ東西	20.1	323	32	22	38	55	17
東急田	25.6	334	41	28	37	55	17
京王京	21.9	317	43	23	31	57	27

車駅が最も少ない）のものの中で所要時間最大のものの表定速度（以下、本章では「朝ラッシュ時の（最速列車の）表定速度」と略）を求め（表8.2）、高い順に並べた（図8.1）。併せて、同区間の日中の特別料金を要しない最速列車の表定速度も求め、朝の表定速度に加えて示した。図中、白い棒の長い区間ほど日中と比較して朝ラッシュ時における速度低下が大きい区間である。なお、所要時間は市販の時刻表より求めたために1分単位が最小であり、したがって表定速度も2桁で示した。

各線の最速列車とはいえ、朝ラッシュ時における表定速度の格差は大きい。最高と最低ではおよそ倍半分の違いがある。一方、日中は朝ほどの差はない。

本章では、このような差がどのような理由によって生じているのか考察していきたい。決して表定速度の低い会社が意図的にこのような事態を招いたわけではないはずであるというのが著者の予想である。

2. 複々線化した線区は速いのか

JRの中距離電車が朝ラッシュ時にも高い表定速度を維持しているのは一義的には複々線化によるものであることは確かである。ようやく

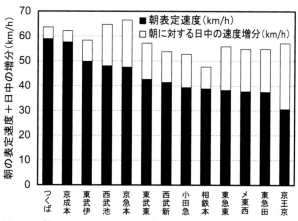

図8.1　朝ラッシュ時上り最速列車の表定速度に対する日中最速列車の表定速度の増分（2010年度）

複々線化が進んできた私鉄においても、その進捗度が高い線区ほど表定速度が高いのではと予想した。

そこで、対象区間の複々線化率（上り線の2線化率）と朝ラッシュ時の表定速度との関係を求めて図示した（図8.2）。各線区の複々線化率は表8.1に示したとおりである。

その結果、予想に反し、複々線化率と表定速度との間には全く相関がみられなかった。東京圏ではかなり早い時期から複々線化を具体化させ、本章の対象区間では3分の2が複々線化されている東武伊勢崎線の表定速度は、高い方ではあるが、最速というわけでもない。

以上、複々線化によって表定速度が高くなったことには違いないが、複々線化率が比較的高

い線区だからといって特に速いというわけではないのが東京の大手私鉄の現状である。

3. 輸送量と列車速度との関係

朝のラッシュ時に急行電車でもノロノロ運転なのは同じ線路を共用する各駅停車の本数が多いからであるというのは、毎日の通勤客ならば直ちに納得できるであろう。要するに旅客が多すぎる、輸送量が大きすぎるのだろう。

そこで、輸送量の指標として1日当たりの輸送密度を採用し、朝ラッシュ時の表定速度との関係を求めてみた。輸送密度は『都市交通年報』掲載の統計を用いて、2009、10、11年度の値の平均値とした。

ただし、ここでの輸送密度は終日の輸送量であり、朝ラッシュ時間帯のものではないことをお断りしておく。終日の輸送量が大きければ朝ラッシュ時の輸送量も大きいという前提に基づいて以降の話を進めていく。

ここで、「輸送密度」は対象区間の「1線当たりの最高輸送密度」である。列車のスピードを支配するのは、対象区間で最も輸送密度が高い、いわばクリティカルな駅間の輸送密度と仮定したからである。各区間の密度は表8.2に示した。

結果を示す。図8.3が1線当たりの最高輸送密度と朝ラッシュ時の表定速度との関係である。併せて、関係を直線回帰して式と相関係数を求めてグラフ内に示した。

その結果、輸送密度が高いほど朝ラッシュ時の表定速度が低くなる傾向を得ることができた。相関係数の絶対値は89％であった。

グラフを眺めると、つくばエクスプレスと京成電車の表定速度の高さが際立っているが、輸送密度が低い点で共通している。輸送密度が低いことがなぜ表定速度の高さにつながるのか。これは各線区の時刻表を眺めてみれば理由が想像できよう。要するに、各駅停車が優等列車の邪魔をしていないということである。つくばエクスプレスは比較的長い駅間距離により各駅停車の速度にも遜色がない一方、京成電車は優等列車も各駅停車も共に7分間隔と本数自体が少ないという違いがある。こういった特徴を数字ひとつで表現できるのが輸送密度の大小ということであろう。

なお、つくばエクスプレスは2005年の開業時には朝ラッシュ時も日中も同じ表定速度であったが、その後のダイヤ改正において朝ラッシュ時に各駅停車の待避を一部取りやめ、減速するようになった。今後さらに輸送量が増えた場合に朝ラッシュ時の表定速度がどのように推移するのか、非常に興味がある。

参考までに、同様の関係を、特別料金不要の

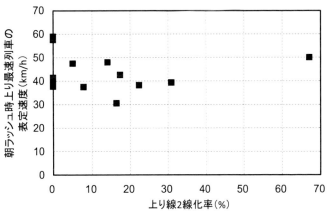

図8.2 上り線2線化率と朝ラッシュ時上り最速列車の表定速度との関係（2010年度）

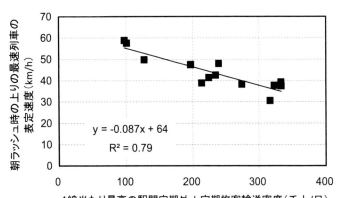

図8.3 各区間の最高輸送密度と朝ラッシュ時上り最速列車の表定速度との関係（2010年度）

日中の最速列車の表定速度について求めてみた（図8.4）。関係を直線回帰した結果も併記した。

その結果、相関係数の絶対値が49％となり、輸送密度と表定速度との間には朝ラッシュ時ほど高い相関関係はみられなかった。昼間は客が少ないので「邪魔な」列車がなく、優等列車は「自由に」走れるということを改めて確認できた。

4．まとめ

本章では、東京圏の大手私鉄等の朝のラッシュ時の上り電車のスピードを支配する要因について考察した。1線当たりの輸送密度が速度を支配すると仮定し、距離20～30kmの10社13区間について輸送密度と朝ラッシュ時の最速列車の表定速度との相関を求めた。

その結果、1線当たりの輸送密度が高いほど、朝ラッシュ時の上り列車の表定速度が低下する傾向を見出すことができた。

今回得られた結果から、以下のことが議論の対象となり得る。

（1）輸送密度が朝ラッシュ時の表定速度を支配していることから、各社とも、所与の輸送量をさばくことと速達性を両立させるための努力の結果が反映されているものと思われる。

（2）上記にかかわらず表定速度に有意な差が生じている場合にその理由を考察することが、輸送サービス向上の観点から有意義であると思う。

（3）輸送密度の比較的低い新線で高い表定速度が実現されていることに鑑みると、鉄道の高いサービス水準を高負担により得ることの意義を検討する時期に来ているといえる。

（3）に関連してもう少し説明したい。輸送密度と表定速度との関係を考察する対象範囲をJRの中距離電車の主要4区間（東海道本線の横浜・東京間、東北本線の大宮・上野間、常磐線の柏・上野間、総武本線の津田沼・東京間）に

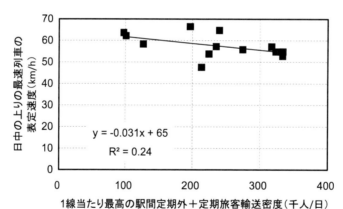

図8.4　各区間の最高輸送密度と日中上り最速列車の表定速度との関係（2010年度）

朝ラッシュ時の表定速度がもっとも高いつくばエクスプレス

まで広げてみる（表8.3）と、私鉄のみの傾向から大きく外れた（図8.5）。この差をもたらした理由を考えてみれば、JRの中距離電車は最高速度120km/hのものがほとんどで他の私鉄よりも速く、そして線形が良くほぼ完全な緩急分離が完成していて、最高速度で走ることのできる区間の割合が高いからであろう。ただし、常磐線の日暮里・北千住間の5.2kmおよび総武本線の東京・錦糸町間の4.8kmは中距離電車とはいえ緩行線が別ルートであるために各駅停車の役割も担っており、両線の今回の対象区間の表定速度は東海道本線や東北本線にやや見劣りしているが。

国鉄の民営化以後、だいぶ差が縮小したとはいえ、大手私鉄の運賃水準はJRのそれと比較して未だに低い。現在の東京圏のJR線が朝ラッシュ時に底力を発揮しているのは数十年前からの投資によるところが大きい。その分、国鉄・JRの運賃水準は大手私鉄よりも高く推移してきた。

現在の視点から振り返ってみれば、大手私鉄がもう少し運賃水準を高く設定して投資を行ってきても良かったのではないかと思う。現在のJRの運賃が不当に高い額であるとは思わない。今からでも運賃値上げによって投資を加速させ、JRの表定速度に近づけることを議論するべきであると思う。

表8.3 JR中距離電車の朝ラッシュ時上り列車の表定速度（2010年度）

線名	郊外側駅	都心側駅	距離(km)	1線当たり最高輸送密度（千人／日）	朝所要時間（分）	朝上り表定速度(km/h)
東海道本線	横浜	東京	28.8	243〜264	30	58
東北本線	大宮	上野	30.5	211	31	59
常磐線	柏	上野	29.1	223	32	55
総武本線	津田沼	東京	26.7	211〜231	32	50

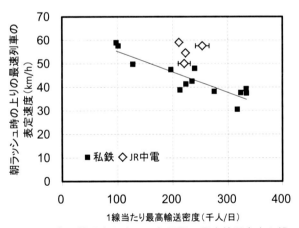

図8.5 JR中距離電車を含めた各区間の最高輸送密度と朝ラッシュ時上り最速列車の表定速度との関係（2010年度）

【参考文献】
[8.1] 運輸政策研究機構：都市交通年報平成23、24、25年版（2009〜11年度のデータ）
[8.2] 国土交通省鉄道局：鉄道要覧
[8.3] 東京時刻表2009年6月号、交通新聞社

第2部　東京圏通勤電車の輸送力設定

第9章
品鶴線、埼京線と京葉線の実際の輸送密度を推定する

1. はじめに

　複数の乗車経路を取り得る区間について、JRは「経路特定区間」として実際の乗車経路にかかわらず特定の一方を経由する乗車券のみを発売している。普通乗車券も定期券も同様の扱いである。本書第2部で取り扱う線区では、
- 東海道本線　品川・鶴見間：川崎経由、または、新川崎経由：通称品鶴線（横須賀線電車のルート）
- 東北本線　日暮里・赤羽間：田端経由（京浜東北線のルート）、または、尾久支線（中距離電車のルート）
- 東北本線　赤羽・大宮間：浦和経由（京浜東北線電車と中距離電車のルート）、または、武蔵浦和経由（東北本線別線：埼京線電車のルート）
- 東京・蘇我間：千葉経由（総武本線＋外房線）、または、千葉みなと経由（京葉線）

4つの特定区間がある。これらの区間を通し乗車する場合、実際の乗車経路にかかわらず前者を経由する乗車券が発行される。一方、後者は、その区間内の途中駅での乗降の場合のみ経由乗車券が発行される。

　本書の第6章からお世話になっている『都市交通年報』掲載の各線各駅間輸送量は、乗車券の販売実績に基づいて求められたものである。したがって、経路特定区間については、実際の輸送量が反映されていないことになる。例えば、上記の順で列挙すると、
- 東海道本線：品川・大井町間1,335千人（4線）；品鶴線　品川・西大井間104千人（4線）
- 東北本線：日暮里・西日暮里間1,222千人（4線）；日暮里・尾久間10千人（4線）
- 東北本線：赤羽・川口間1,085千人（4線）；埼京線　赤羽・北赤羽間251千人（2線）
- 総武本線：東京・新日本橋間348千人（2線）；京葉線　東京・八丁堀間176千人（2線）

となる。運賃計算する区間を経由する方に値が

西大井駅開業（1986年）

第9章　品鶴線、埼京線と京葉線の実際の輸送密度を推定する

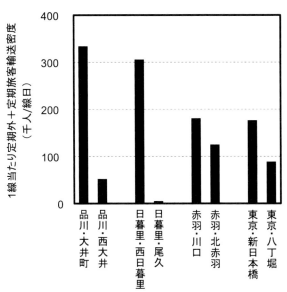

図9.1　経路特定区間において乗車券販売輸送密度データのみから求めた1線当たり定期外＋定期旅客輸送密度（2009〜11年度の平均値）

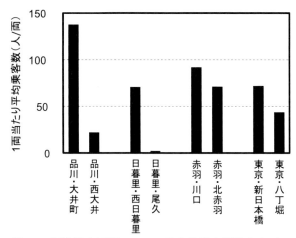

図9.2　経路特定区間において乗車券販売輸送密度データのみから求めた1両当たり平均乗客数（2009〜11年度の平均値）

偏っていることが分かる（図9.1）。当該区間を通過する車両数から求めた1両当たりの平均乗客数も不自然な偏りがある（図9.2）。輸送量に対する輸送力設定の妥当性を評価する立場からは、何とかして、経路特定区間の実際の輸送量を知りたい。

もちろん、実際の輸送量が分からなければ輸送力は設定できないわけであるから、輸送の当事者（鉄道事業者）は実際の値を把握しているはずである。しかし、そのようなデータは非公表である。そこで、他に公表されているデータを組み合わせることにより、経路特定区間における実際の輸送量を推定してみよう。

なお、当該箇所で述べているように、本書第7章および第8章における該当区間の輸送密度は『都市交通年報』から直接求めた値ではなく、本章で推定した結果を用いている。

2．実乗車数を推定するためのデータ

本書でお世話になっている乗車券販売実績に基づいた旅客数以外に、『都市交通年報』には実乗者数調査に基づく旅客数のデータが掲載されている。毎年度の特定の1日を選んで、各線区の代表的な1駅区間

の朝ラッシュ時の1時間を対象に乗車人数を調査し、1日当たりの乗客数を推定（以下、「乗車数調査輸送密度」）している。東京圏のJR線ならば同じ日に一斉調査を行っている。ちなみに、最新のデータのある2011年度分は10月26日（水）の調査であった。

では、乗車数調査輸送密度と、乗車券販売実績から求めた通年での1日当たりの平均の輸送密度（以下、「乗車券販売輸送密度」）とはどの程度一致または乖離しているのだろうか。2011年度から2010年度、2009年度とさかのぼり、3年分について、乗車券販売輸送密度に対する乗車数調査輸送密度の乖離率を、比較可能な11の区間について求めてみた（図9.3）。なお、

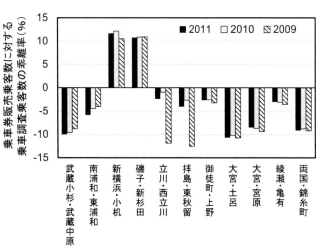

図9.3　乗車券販売輸送密度に対する乗車数調査輸送密度の乖離率（2009〜2011年度）

乗車数調査輸送密度には有料列車や車両（特急、急行、グリーン車）の分は含まれていない。

乖離率は最高値がプラス12％、最低値がマイナス12％との結果が出た。青梅線や五日市線の2009年度を別にすれば、同一の区間であれば、年度による乖離率のばらつきはほぼない。乖離率は各線区固有の値と見なすことにする。実際の調査時間1時間の時間帯と、推定された終日との乗客数の関係なのだと思う。

以下、乗車券販売輸送密度に対する乗車数調査輸送密度の乖離率を最大で±10％と設定する。この大きさの幅をもって、経路特定区間における乗車券販売輸送密度を、実乗車数に基づいて配分する。

3. 品川・大井町間の乗車数調査輸送密度から品川・鶴見間の輸送量を配分する

東海道本線品川・鶴見間の実乗車数は、川崎経由のルート上の、品川・大井町間（京浜東北線＋中距離電車）のデータがある。2011年度には950千人／日との調査結果であった。この値を1.1で割った値を最低値、0.9で割った値を最高値として、乗車券販売輸送密度のうち品川・大井町間に配分される値の範囲を、864～1,055千人／日と推定した。品鶴線の通し客数、すなわち、品鶴線に乗車したにもかかわらず乗車券の販売上川崎経由に計上された旅客数は262～454千人／日となる。

なお、品鶴線の品川・西大井間の乗客数には、品川を経由せずに西大井と大崎の間を直行する湘南新宿ラインの乗客数が含まれている。乗車券の販売上は品川を経由することになっているからである。

以下、品川・西大井間、川崎・鶴見間、新川崎・鶴見間の実際の輸送密度を推定した。そして、同じ手順を2010年度、2009年度についても行った（表9.1）。各区間について、2009～11年度の平均値に対して、1線当たりの輸送密

表9.1　品川・大井町間の乗車数調査輸送密度に基づいて品川・鶴見間の乗車券販売輸送密度を配分

		定期外＋定期旅客輸送密度（千人／日）			線数	1線当たり輸送密度（千人／線日）	通過車両数（千両／日）	平均乗客数（人／両）
		2011	2010	2009				
品川・大井町間 乗車券販売輸送密度 乗車調査輸送密度 実輸送密度推定値 （＝B/1.1～B/0.9）	A B C	1,317.2 949.8 863.5～1,055.4	1,327.7 966.3 878.4～1,073.6	1,360.7 967.5 879.5～1,075.0	4	218.5～267.0	9.7	90～110
品鶴線通し乗客分輸送 密度推定値（＝A-C）	D	261.8～　453.7	254.1～　449.3	285.8～　481.2				
品川・西大井間 乗車券販売輸送密度 実輸送密度推定値 （＝E＋D）	E F	135.3 397.1～　589.0	118.9 373.1～　568.3	58.3 344.0～　539.5	2	185.7～282.8	4.7	79～120
川崎・鶴見間 乗車券販売輸送密度 実輸送密度推定値 （＝G-D）	G H	1,049.4 595.7～　787.6	1,061.7 612.4～　807.6	1,098.5 617.3～　812.7	4	152.1～200.7	8.8	70～92
新川崎・鶴見間 乗車券販売輸送密度 実輸送密度推定値 （＝I＋D）	I J	69.6 331.4～　523.3	62.2 316.3～　511.5	27.6 313.4～　508.8	2	160.2～257.3	4.7	68～110

第9章　品鶴線、埼京線と京葉線の実際の輸送密度を推定する

度と1両当たりの平均乗客数を求めて比較した（図9.4、9.5）。川崎経由も新川崎経由の品鶴線も、混雑は同程度ということになるのだろうか。

日中の川崎経由の湘南電車は25分か26分で東京・横浜間28.8kmを走るが、朝ラッシュ時の上りは30分を要する。一方、東京・横浜間を2.9kmも遠回りして停車駅も2つ多い品鶴線経由の横須賀線電車は日中29〜30分で走るが、朝の上りでも所要31分とほとんど差がない。途中5駅に停車しても表定速度が60km/hを下回らないことに驚く。朝ラッシュ時にはすでに増発の余地のない川崎経由から、なるべく品鶴線（横須賀線）に誘導して乗車率の偏りを小さくすることに成功しているのだと思う。

ただし、本節で述べた輸送量配分は、輸送量が圧倒的に多い川崎経由の実乗車データに基づいているため、輸送量が小さい方の品鶴線の推定幅が相対的に大きくなっている。最大値と最小値で1.5倍もの差があれば、あまり役に立つ推定とは言えない。

4．品川・西大井間の乗車数調査輸送密度から品川・鶴見間の輸送量を配分する

そこで、輸送量の小さい方の品鶴線の乗車数調査客数データを用いて、品川・鶴見間の輸送量を配分してみる。

実は品鶴線の側にも乗車数調査客数データが存在する。品川・西大井間である。統計には品川・新川崎間と示されているが、詳細は省略するが他のデータと突き合わせると品川・西大井間と見なして良いと判断した。

ただし、この値は湘南新宿ライン直通の分を含んでいない。品川・西大井間の「純粋な」旅客数である。そこで、この値から、湘南新宿ライン直通客を含む品川・西大井間の旅客数（不正確な言い方ではあるが）を推定してみる。そのよりどころは、品鶴線内の通過車両数の比率である。西大井からの上り方面について、品川・東京方面（従来の横須賀線電車ルート）が2.9千両／日、湘南新宿ライン直通が1.8千両／日という通過車両数に比例して乗客数を配分することにした。すなわち、品鶴線内では電車の行

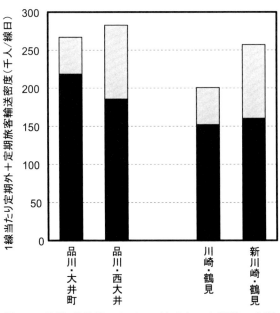

図9.4　品川・鶴見間における1線当たり定期外＋定期旅客輸送密度の実際を推定（2009〜11年度の日平均値）

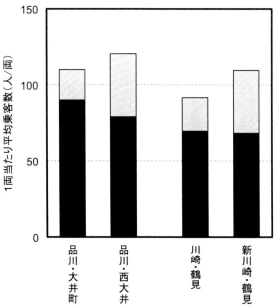

図9.5　品川・鶴見間における1両当たり平均乗客数の実際を推定（2009〜11年度の平均値）

き先にかかわらず1両当たりの平均乗客数が等しいと仮定して、品川・東京方面が29に対して湘南新宿ライン直通が18となる比率で輸送密度を配分した。乗車券販売輸送密度に対する乗車数調査輸送密度の乖離率は前節同様±10％とした。そのプロセスを表9.2に示す。前節では品鶴線通しの輸送密度を267〜461千人／日と推定したが、本節では277〜362千人／日と狭くなった。

1線当たりの輸送密度と、1両当たりの平均乗客数を示す（図9.6、9.7）。前節の推定結果（図9.4、9.5）のほぼ範囲内に、小さく収まった。品川口でも鶴見口でも、品鶴線の方が混雑度が低いようである。

表9.2　品川・西大井間の乗車数調査輸送密度に基づいて品川・鶴見間の乗車券販売輸送密度を配分

		定期外＋定期旅客輸送密度（千人／日）			線数	1線当たり輸送密度（千人／線日）	通過車両数（千両／日）	平均乗客数（人／両）
		2011	2010	2009				
品川・西大井間 湘南新宿ライン直通分を除く乗車調査輸送密度	A	281.5	273.3	222.2				
同上　実輸送密度推定値（＝A/1.1〜A/0.9）	B	255.9〜312.8	248.4〜303.6	202.0〜246.9				
湘南新宿ライン直通分を含む輸送密度推定値（＝B×4.7/2.9）	C	414.7〜506.9	402.6〜492.1	327.4〜400.2	2	190.8〜233.2	4.7	81〜99
乗車券販売輸送密度	D	135.3	118.9	58.3				
品鶴線通し乗客輸送密度推定値（＝C-D）	E	279.4〜371.6	283.7〜373.2	269.2〜341.9				
品川・大井町間 乗車券販売輸送密度	F	1,317.2	1,327.7	1,360.7				
実輸送密度推定値（＝F-E）	G	945.6〜1,037.7	954.6〜1,044.0	1,018.8〜1,091.5	4	243.2〜264.4	9.7	100〜109
川崎・鶴見間 乗車券販売輸送密度	H	1049.4	1061.7	1098.5				
実輸送密度推定値（＝H-E）	I	677.8〜770.0	688.5〜778.0	756.6〜829.3	4	176.9〜198.1	8.8	81〜91
新川崎・鶴見間 乗車券販売輸送密度	J	69.6	62.2	27.6				
実輸送密度推定値（＝E+J）	K	349.0〜441.2	345.9〜435.4	296.8〜369.5	2	165.3〜207.7	4.7	70〜88

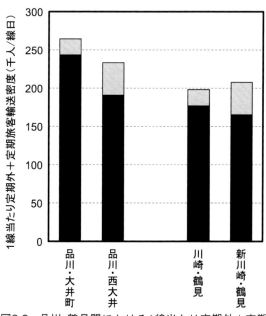

図9.6　品川・鶴見間における1線当たり定期外＋定期旅客輸送密度の実際を推定（2009〜11年度の日平均値）

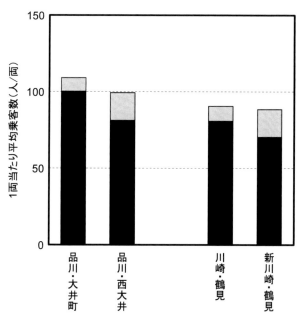

図9.7　品川・鶴見間における1両当たり平均乗客数の実際を推定（2009〜11年度の平均値）

5．各駅乗降客数と宇都宮・高崎・川越線からの旅客数をもとに赤羽・大宮間直通輸送量を埼京線に配分する

　東北本線には、赤羽で川口・浦和方面（京浜東北線、中距離電車および貨物線＝湘南新宿ラインのルート：本節では「本線」と呼称する）と、埼京線（正式名称は東北本線の別線）武蔵浦和方面とに分岐し大宮で再び合流する経路特定区間とがある。赤羽・大宮間の通し旅客には、本線経由でも埼京線経由でも本線経由の乗車券が発行される。『都市交通年報』の各駅間データでは通し旅客がすべて本線経由として計上されている。

　しかし、前節の品川・鶴見間や次節の東京・蘇我間とは異なり、赤羽・大宮間では乗車数調査客数データが全く公表されていない。なかなか厄介な区間である。そこで、関係区間の各駅の乗降客数を用いて、実際の輸送密度を以下の手順で推定した。

①赤羽・大宮間直通の旅客輸送密度を推定する

　本線も埼京線も、圧倒的なのは都心方面との間の旅客である。赤羽・大宮間の直通客を除けば、途中各駅の乗降客数の合計が、赤羽口での輸送密度に比例していると見なした。

　途中駅乗降客数の分のみ計上されている埼京線の赤羽・北赤羽間の定期外＋定期旅客の輸送密度は2011年度に（以下、特記がない限りは同年度のデータ）252千人／日であった。この区間の途中駅である北赤羽・北与野間各駅の上り方面の乗降客数の合計は、武蔵浦和での武蔵野線連絡旅客数を含めて241千人／日であった。一方、本線川口・さいたま新都心間各駅の上り方面の乗降客数の合計は、南浦和での武蔵野線連絡旅客数を含めて541千人／日であった。これを埼京線赤羽・北赤羽間の輸送密度に比例させることにより、赤羽・大宮間直通旅客を除いた本線赤羽・川口間の輸送密度を565千人／日と推定した。この値を赤羽・川口間の乗車券販売高輸送密度1,076千人／日から差し引いた511千人／日を、赤羽・大宮間の直通旅客輸送密度とした。本線経由と埼京線経由分の合計値である。

②赤羽・大宮間直通旅客輸送密度を本線と埼京線に配分する

　大宮以遠からの直通旅客（東北本線＝宇都宮線土呂以北、高崎線宮原以北、川越線日進以西）と、大宮駅での上り方面の乗降客（改札口を通る、本線または埼京線の旅客）とで、赤羽までの経由線の選択法について以下のように異なる仮定を設定した。

- 大宮以遠からの上り方面直通旅客（土呂以北、宮原以北、日進以西）は、都心側の目的地（上野方面か池袋方面か）にかかわらず、大宮で乗降せずに赤羽まで乗り通し、赤羽で必要に応じて乗り換えると仮定した。下り列車は逆の手順とした。土呂以北または宮原以北からの上り直通客（本線と埼京線の乗車券販売輸送密度の合計：225および268千人／日）は大宮からすべて本線経由（湘南新宿ラインも本線経由である）、一方、日進以西からの上り方面直通客（本線と埼京線の乗車券販売輸送密度の合計：63千人／日）はすべて埼京線経由と見なした。

- 大宮駅での上り方面乗降客（東武野田線との連絡客を含む）は、上野方面か池袋方面か、都心側目的駅まで直通する列車を大宮駅にて選択して乗車する。大宮駅からの上り方面乗降客における上野方面と池袋方面との比率は、赤羽駅上り方面乗降客数の比率と同じと仮定した。下り列車は逆の手順とした。

- 赤羽駅では、乗車券販売統計から、上り方面の乗降客について、本線（上野方面：尾久線経由も含む）方面が48.3％、赤羽線（池袋方

面）方面が51.7％とのデータが得られている。大宮駅での上り方面乗降客数313千人／日もこの比率に従い、上野方面と池袋方面とに分かれると仮定した。さらに、大宮駅から本線経由の湘南新宿ラインと埼京線の2系統ある池袋方面へは、当駅での上り方面通過車両数に比例して乗客数が分かれると仮定した。湘南新宿ラインが1.9千両／日で36.1％、埼京線が3.3千両／日で63.9％となった。

- なお、土呂以北、宮原以北、日進以西から上り方面の直通客および大宮駅での上り方面乗降客数は、そのすべてが赤羽より南に直通するわけではないのはもちろんである。あくまでも、赤羽・大宮間の直通旅客輸送密度511千人／日を本線と埼京線とに配分するために上記の仮定をした。

以上の仮定に基づいて、赤羽・大宮間の直通旅客輸送密度を、本線経由対埼京線経由で80.8％対19.2％とした。実際の値を本線経由413千人／日、埼京線経由98千人／日と推定した。同じ手順を2010、2009年度についても行っ

表9.3　駅の乗降客数および大宮以遠からの上り方面直通旅客数に基づいて赤羽・大宮間の乗車券販売輸送密度を配分

		定期外＋定期旅客輸送密度または乗降客数(千人／日)			線数	1線当たり輸送密度(千人／線日)	通過車両数(千両／日)	平均乗客数(人／両)
		2011	2010	2009				
本線東十条・赤羽間(尾久支線経由分を含む)　乗車券販売輸送密度	A	714.7	718.7	728.0	4	180	10.0	72
赤羽線(埼京線)十条・赤羽間　乗車券販売輸送密度(湘南新宿ライン経由分と埼京線経由分の合計)	B	676.9	679.3	678.6	4	170	6.0	114
本線赤羽・大宮間								
埼京線赤羽・北赤羽間乗車券販売輸送密度(赤羽・大宮間通し客を含まない)	C	251.6	251.0	249.0				
埼京線北赤羽・北与野間各駅乗降客数合計に対する本線川口・さいたま新都心間乗降客数合計の比	D	2.246	2.265	2.299				
本線赤羽・川口間の赤羽・大宮間直通客を含まない推定輸送密度(＝C×D)	E	565.1	568.5	572.2				
本線赤羽・川口間乗車券販売輸送密度(含埼京線経由の赤羽・大宮間通し客)	F	1,076.4	1,084.1	1,093.9				
本線および埼京線の赤羽・大宮間通し客輸送密度合計(＝F−E)	G	511.3	515.6	521.7				
さいたま新都心または北与野以南・宇都宮線土呂以北間の直通客輸送密度	H	224.5	227.7	231.5				
さいたま新都心または北与野以南・高崎線宮原以北間の直通客輸送密度	I	267.9	270.6	273.1				
さいたま新都心または北与野以南・川越線日進以北間の直通客輸送密度	J	63.1	63.6	64.4				
大宮駅での本線と埼京線の上り方面乗降客数合計	K	313.4	311.9	314.7				
赤羽駅での上り方面乗降客数上野方面比率	L	0.483	0.482	0.501				
赤羽駅での上り方面乗降客数池袋方面比率(L＋M＝1.000)	M	0.517	0.518	0.499				
大宮駅での上り方面乗降客数上野方面配分推定値(＝K×L)	N	151.5	150.2	157.6				
大宮駅での上り方面乗降客数池袋方面配分推定値(＝K×M)	O	161.9	161.6	157.1				
大宮駅での上り池袋方面への車両数のうち湘南新宿ライン経由の比率	P		0.361					
大宮駅での上り池袋方面への車両数のうち埼京線経由の比率(P＋Q＝1.000)	Q		0.639					
大宮駅での池袋方面乗降客のうち湘南新宿ライン経由配分推定値(＝O×P)	R	58.5	58.4	56.7				
大宮駅での池袋方面乗降客のうち埼京線経由配分推定値(＝O×Q)	S	103.4	103.2	100.3				
赤羽・大宮間通し旅客								
本線経由の比率(＝(H＋I＋N＋R)／(H＋I＋J＋K))	T	0.808	0.809	0.814				
埼京線経由の比率(＝(J＋S)／(H＋I＋J＋K))	U	0.192	0.191	0.186				
本線経由の赤羽・大宮間通し旅客推定輸送密度(＝G×T)	V	413.3	417.1	424.4				
埼京線経由の赤羽・大宮間通し旅客推定輸送密度(＝G×U)	W	98.0	98.5	97.3				
本線赤羽・川口間(京浜東北線＋上野発着中距離電車＋湘南新宿ライン)　実輸送密度推定値(＝E＋V)	X	978.4	985.7	996.7	6	164	11.8	84
埼京線赤羽・北赤羽間　実輸送密度推定値(＝C＋W)	Y	349.5	349.4	346.2	2	174	3.5	99
本線さいたま新都心・大宮間								
乗車券販売輸送密度(埼京線経由の赤羽・大宮間通し客も含む)	Z	797.4	804.6	814.2				
実輸送密度推定値(＝Z−W)	AA	699.5	706.1	716.9	6	118	10.3	69
埼京線北与野・大宮間								
乗車券販売輸送密度(赤羽・大宮間通し客は含まない)	AB	103.5	101.6	100.6				
実輸送密度推定値(＝W＋AB)	AC	201.5	200.1	197.9	2	100	3.3	61

た（表9.3）。そして、赤羽口と大宮口について、2009～11年度の平均値に対して1線当たりの輸送密度と1両当たりの平均乗客数を求めて比較した（図9.8、9.9）。参考までに、赤羽以南の1駅間（本線東十条・赤羽間）、埼京線（正式名称は赤羽線）および湘南新宿ラインの合計値である十条・赤羽間）の値も求めて示した。

川口から平均乗客数84人／両（京浜東北線、上野行き中距離電車、湘南新宿ライン）、北赤羽から99人／両（埼京線）でやってきた上り電車は、赤羽から、上野方面は平均72人／両（京浜東北線と上野行き中距離電車）に減る一方、池袋方面には平均114人／両（湘南新宿ラインと赤羽線＝埼京線の平均値）に増えると推定した。埼京線は特に赤羽以南が特に混むという情報を裏付ける結果となった。

なお、中距離電車用の尾久支線と京浜東北線（田端経由）との間での実際の輸送量配分については、データが全く公表されていないために行わなかった。両者は近接しているために（尾久駅は京浜東北線上中里駅にほぼ隣接）配分する意義も小さいと判断したからでもある。

6．新木場・葛西臨海公園の乗車数調査輸送密度から東京・蘇我間の輸送量を配分する

京葉線の新木場・葛西臨海公園間の乗車数調査輸送密度は2011年度に189千人／日であった。これに、わずかな値ではあるがJR東日本の会社要覧にあった京葉線経由の房総特急の乗客数3.7千人／日を加えた値をもとに、乗車券販売輸送密度のとり得る値の範囲を求めた。京葉線新木場・葛西臨海公園間の輸送密度は350～

JR東日本を代表する通勤型電車の埼京線

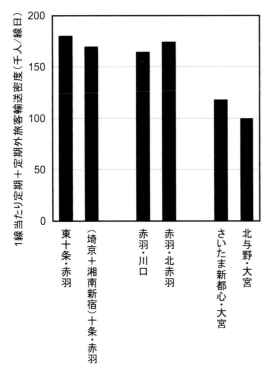

図9.8　赤羽・大宮間における1線当たり定期外＋定期旅客輸送密度の実際を推定（2009～11年度の日平均値）

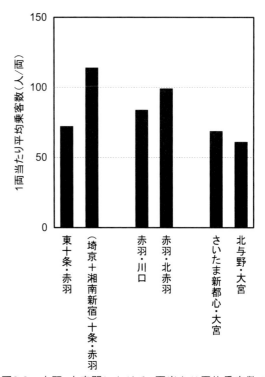

図9.9　赤羽・大宮間における1両当たり平均乗客数の実際を推定（2009～11年度の平均値）

428千人／日となった。一方、同区間における乗車券販売輸送密度は290千人／日であった。よって、差し引き60～138千人／日が、京葉線東京・蘇我間の通し乗客数、すなわち、乗車券発行の際には総武本線＋外房線経由と見なされて統計上そちらに集計された分と推定した。その分、総武本線の実際の乗客数は少なかったということになる。以上のプロセスを2010年度および2009年度についても行った（表9.4）。

以上をもとにして、東京・新日本橋または八丁堀間、および、本千葉または千葉港・蘇我間の1両当たりの平均乗客数を求めてみた（図9.10、9.11）。東京口では断定できないが、蘇我口で多く利用されているのはまず間違いなく京葉線という、列車本数と東京直通の利便性から考えれば当然の結果となった。

表9.4 乗車数調査輸送密度に基づいて東京・蘇我間の乗車券販売輸送密度を配分

		定期外＋定期旅客輸送密度(千人／日)			線数	1線当たり輸送密度 (千人／線日)	通過車両数 (千両／日)	平均乗客数 (人／両)
		2011	2010	2009				
新木場・葛西臨海公園間 乗車券販売輸送密度	A	290.2	293.4	296.7				
乗車調査輸送密度	B	385.3	389.9	394.2				
実輸送密度推定値 （＝B/1.1～B/0.9）	C	350.3～428.1	354.5～433.3	358.4～438.0	2	177.2～216.6	4.0	88～107
京葉線通し客分輸送密度推定値	D	60.1～137.9	61.1～139.9	61.7～141.3				
東京・新日本橋間 乗車券販売輸送密度	E	348.2	354.5	357.6				
実輸送密度推定値（＝E-D）	F	210.3～288.1	214.6～293.4	216.3～295.9	2	106.9～146.2	4.9	43～60
東京・八丁堀間 乗車券販売輸送密度	G	175.9	176.6	178.7				
実輸送密度推定値（＝G+D）	H	236.0～313.8	237.7～316.5	240.4～320.0	2	119.0～158.4	4.0	59～78
本千葉・蘇我間 乗車券販売輸送密度	I	203.8	207.1	209.3				
実輸送密度推定値（＝I-D）	J	65.9～143.7	67.2～146.0	68.0～147.6	2	33.5～72.9	2.5	27～58
千葉みなと・蘇我間 乗車券販売輸送密度	K	82.0	82.8	85.1				
実輸送密度推定値（＝K+D）	L	142.1～219.9	143.9～222.7	146.8～226.4	2	72.1～111.5	3.0	49～75

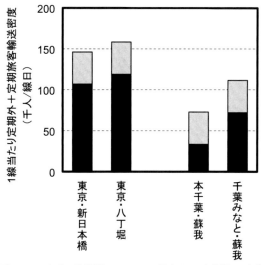

図9.10 東京・蘇我間における1線当たり定期外＋定期旅客輸送密度の実際を推定（2009～11年度の日平均値）

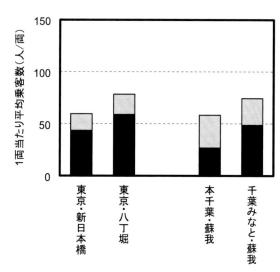

図9.11 東京・蘇我間における1両当たり平均乗客数の実際を推定（2009～11年度の平均値）

第9章　品鶴線、埼京線と京葉線の実際の輸送密度を推定する

7．おわりに

3つの経路特定区間における乗車券販売輸送密度を、実際の輸送量に配分することを試みた。経路特定区間において、輸送密度の低い方の経路の乗車数調査客数が公表されている場合には、比較的確度の高い（幅の小さい）推定予測が可能であった。

章立ての順序が逆になったが、本章での推定結果を第7・8章に用いた。そして、本書付録「東京圏の各駅間輸送密度と乗車率」にも収録し、実際に近い輸送量等の表示に資することとした。2種類の推定を行った東海道本線については、推定範囲の狭い後者（本章第4節）の方を採用した。

京葉線 新木場・蘇我間延長開業（1988年）

【参考文献】
[9.1] 運輸政策研究機構：都市交通年報平成23、24、25年版（2009～11年度のデータ）
[9.2] 国土交通省鉄道局：鉄道要覧
[9.3] 東京時刻表2009年6月号および2010年3月号、交通新聞社
[9.4] 例えば、JR東日本ホームページ　https://www.jreast.co.jp/kippu/1101.html

第2部　東京圏通勤電車の輸送力設定

第10章
北千住・綾瀬間の実際の輸送密度を推定する

1. はじめに

　北千住・綾瀬間はすっきりしない区間である。列車の運行上は、快速線と呼ばれるJR常磐線の複線と、綾瀬以北では常磐線各駅停車と呼ばれている常磐線の緩行線が綾瀬で東京メトロの千代田線に変わる（乗り入れる）複線とから成り立っている複々線区間である。一方、運賃計算上のJR線とメトロとの境界は、綾瀬から千代田線となる常磐緩行線からの直通電車を利用しても、綾瀬ではなく北千住とされている。常磐線快速電車が綾瀬に停車しないため、快速電車が停車しない各駅からの利用者への運賃上の配慮による措置である。もちろん、乗客からJRに支払われた運賃のうち千代田線北千住・綾瀬間の乗車分はJRからメトロに支払われているので利用客が気に病む必要はない。

　しかし、本当の輸送密度を知りたい立場からは北千住・綾瀬間は厄介である。JR常磐線とメトロ千代田線の輸送量は両社から集計・公表されているが、それぞれの立場の違いを反映していて、すんなり実際の輸送量と見なすわけにはいかないからである（表10.1）。2009年度から2011年度までの3年間で、南千住・北千住間と町屋・北千住間の輸送密度を合計すると881千人／日であった。ところが、北千住・綾瀬間は両社分を合計すると1,139千人／日に膨らんでしまう。JRのみの複々線区間である綾瀬・亀有間が699千人であるから、北千住・綾瀬間の値は不自然に大きい。この理由を大まかにいえば、JRは運賃収受した乗客数を集計してメトロに支払った千代田線乗車分を差し引きしていない値を公表している一方で、メトロは自社線の実際の乗客数を公表していることに

表10.1　常磐線および千代田線の北千住・綾瀬間およびその前後の輸送密度と両駅における乗降客数（2009〜2011年度の日平均；JR東日本および東京メトロによる集計・公表値）

JR東日本・常磐線					東京メトロ・千代田線				
駅間輸送密度			乗降客		駅間輸送密度			乗降客	
			下り方面	上り方面				下り方面	上り方面
433.3	南千住				447.8	町屋			
	北千住	北千住駅乗降	49.9	46.3		北千住	北千住駅乗降	6.5	68.3
		千代田線乗換え	227.5	1.5			常磐線乗換え	111.6	3.9
		日比谷線乗換え	17.8	0.0			日比谷線乗換え	18.5	1.3
		東武線乗換え	20.4	24.8			東武線乗換え	26.1	62.4
		TX乗換え	3.0	4.6			TX乗換え	0.3	11.3
674.6		乗降合計	318.6	77.3	464.5		乗降合計	163.0	147.1
	綾瀬	綾瀬駅乗降	27.8	4.5		綾瀬	綾瀬駅乗降	1.1	86.4
		千代田線乗換え	1.4	0.1			常磐線乗換え	1.2	355.4
699.3		乗降合計	29.2	4.6	25.3		乗降合計	2.3	441.9
	亀有					北綾瀬			

第10章 北千住・綾瀬間の実際の輸送密度を推定する

なっているからである。とはいえ、いろいろな角度からチェックしてみると、メトロの公表値が実際の乗車数の値とも言い難い。

本章では、複数のデータを組み合わせることにより、北千住・綾瀬間の実際の輸送密度を求め、それを快速線と緩行線／千代田線に配分してみる。

2．北千住・綾瀬間の実際の輸送密度を求める

北千住・綾瀬間は2社（2線）の並走区間であるが、ここでは単なる複々線区間として一体化して取り扱う。表10.1に示した各値中、2社間の立場の違いに影響されない値を用いて、北千住・綾瀬間の実際の輸送密度を求めて行こう。出発点は綾瀬・亀有間の輸送密度（乗車券販売高輸送密度）である。

2011年度の常磐線綾瀬・亀有間の定期外＋定期旅客輸送密度（本章では単に「輸送密度」といえばこれを指すこととする）は685千人／日であった。この値に、綾瀬駅における常磐線下り方面乗降客数を差し引き、千代田線上り方面乗降客数（乗客からの運賃収受はJR分としても、メトロ自社線の利用客として計上していると見なし、常磐線上りの分はゼロとする）を加え、そして千代田線の北綾瀬支線から上り方面に合流する客数も加えることにより、北千住・綾瀬間（常磐線＋千代田線の合計）の輸送密度は765千人／日となった。南千住／町屋・北千住間の881千人／日と綾瀬・亀有間の685千人／日の間の値となったので、妥当な値だと思う。

南千住／町屋・北千住間の合計輸送密度881千人／日に、各線の上り方面乗降客数79＋145＝224千人／日を差し引いた値と、北千住・綾瀬間の輸送密度765千人／日との差120千人／日が、常磐線＋千代田線の北千住における下り方面の乗降客数となる。

3．輸送密度を快速線と緩行・千代田線とに分配する

前節で求めた北千住・綾瀬間の輸送密度765千人／日は、常磐線とメトロの合計値である。これを各線に分配したい。ただし、同じ乗車券であっても、同区間には快速線経由か緩行線・千代田線の2通りの乗車経路を選択し得るので、表10.1といくらにらめっこしても答えは出て

常磐線と相互直通運転をしている東京メトロ千代田線の車両

こない。

そこで、第9章同様、『都市交通年報』に掲載の実乗車数データを用いる。幸いなことに、常磐線については、綾瀬・亀有間の、快速線と緩行線とを区別した調査が行われている。2011年度の調査では、調査日における同区間の緩行線の乗車調査輸送密度は285千人／日であった。これに最大で±5％の幅を持たせ、年平均の緩行線の輸送密度を272〜300千人／日と推定した。この値を、綾瀬・亀有間の合計の輸送密度685千人／日から差し引いた値385〜414千人／日を、同区間の快速線の輸送密度（途中の乗降がないので、北千住・松戸間の輸送密度でもある）と推定した。

なお、第9章では乗車販売高輸送密度に対する乗車調査密度の乖離率を一律に±10％にしたにもかかわらず本章で取り扱った常磐緩行線綾瀬・亀有間では乖離率を±5％と設定したのは、快速線を含む同区間の乗車販売高輸送密度に対する乗車調査輸送密度の乖離率が-3％程度であった（図9.3）ことによる。少しだけ余裕を見込んで乖離率をきりの良い±5％とした次第である。

さらに、この快速線の輸送密度385〜414千人／日を、北千住・綾瀬間の輸送密度765千人／日から差し引いた値352〜380千人／日が、

表10.2　北千住・綾瀬間の実際の輸送密度の推定および同区間における快速線と緩行・千代田線の輸送密度配分のプロセス

		定期外＋定期旅客輸送密度（千人／日）			線数	1線当たり輸送密度（千人／線日）	通過車両数（千両／日）	平均乗客数（人／両）
		2011	2010	2009				
綾瀬・亀有間乗車券販売輸送密度	A	685.2	700.5	712.2				
綾瀬における常磐線下り方面乗降客数	B	27.8	29.2	29.3				
綾瀬における千代田線上り方面乗降客数（常磐線上りはゼロとする）	C	85.0	87.3	86.9				
綾瀬で千代田線上り方面に合流する北綾瀬からの乗客数	D	22.7	23.0	22.7				
北千住・綾瀬間輸送密度の実数（常磐線＋千代田線の合計）（＝A-B+C+D）	E	765.1	781.6	792.5				
南千住・北千住間＋町屋・北千住間乗車券販売輸送密度	F	424.8+444.3	433.5+449.1	441.6+450.0				
北千住における常磐線＋千代田線の上り方面乗降客数（含乗換え客）	G	78.9+145.3	77.5+147.3	75.3+148.9				
北千住における常磐線＋千代田線の下り方面乗降客数（含乗換え客）（＝E-F+G）	H	120.2	123.7	125.0				
綾瀬・亀有間　緩行線乗車調査輸送密度	I	285.2	289.6	292.6				
緩行線輸送密度推定値（＝I/1.05〜I/0.95）	J	271.6〜300.2	275.8〜304.8	278.7〜308.0	2	137.7〜152.2	3.4	80〜88
北千住・松戸間　快速線輸送密度推定値（＝A-J）	K	385.0〜413.6	395.7〜424.7	404.2〜433.5	2	197.5〜212.0	5.3	75〜80
北千住・綾瀬間　緩行線または千代田線輸送密度推定値（＝J+C+D-B＝E-K）	L	351.5〜380.1	356.9〜385.9	359.0〜388.3	2	177.9〜192.4	4.7	76〜82

第10章　北千住・綾瀬間の実際の輸送密度を推定する

北千住・綾瀬間の常磐緩行線／千代田線の実際の輸送密度となる。

以上の計算を2010および2009年度についても行い、そのプロセスを示した（表10.2）。さらに、1線当たりの輸送密度および1両当たりの平均乗客数を求めて図示した（図10.1、10.2）。どちらの値も他線区と比較して妥当な範囲に収まっていると言えよう。

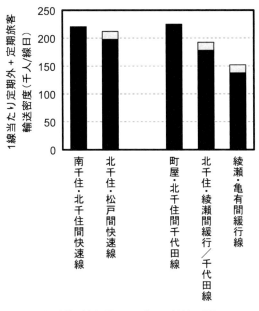

図10.1　北千住・綾瀬間およびその前後区間における1線当たり輸送密度（2009〜2011年度の日平均値）

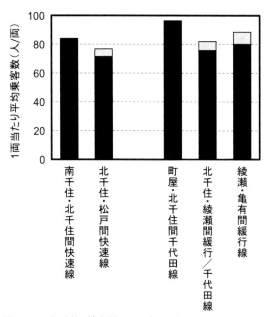

図10.2　北千住・綾瀬間およびその前後区間における1両当たり平均乗客数（2009〜2011年度の平均値）

【参考文献】
[10.1] 運輸政策研究機構：都市交通年報平成23、24、25年版（2009〜11年度のデータ）
[10.2] 国土交通省鉄道局：鉄道要覧
[10.3] 東京時刻表2009年6月号および2010年3月号、交通新聞社
[10.4] 例えば、JR東日本ホームページ　https://www.jreast.co.jp/kippu/1101.html

付　録

東京圏の各駅間輸送密度と乗車率

付　録　東京圏の各駅間輸送密度と乗車率

1．定期外＋定期旅客輸送密度

　運輸政策研究機構が編集・発行している『都市交通年報』掲載の2009～11年度の各駅間の年間輸送量を365または366で割り、概ね60～70km圏内の東京圏各線における1日当たり平均の各駅間輸送密度を求めた。単位は千人／日である。この統計は実乗車人数ではなく、定期外＋定期の年間乗車券販売高に基づいている。国鉄時代には新幹線を含んでいたが、JRになってからは統計上新幹線を別線扱いしているので在来線のみの値である。輸送量は曜日間や季節間の変動等があり得るが、概ね、平日の輸送量の目安となると思う。なお、本書執筆時点での最新のデータである2011年度は、東日本大震災（地震の発生は2010年度末の2011年3月11日）による運休や外出の手控えなど、線区によっては輸送量に明らかな落ち込みが見られた。2012年度以降は景気の回復もあってすでに公表されている線区平均の輸送量は持ち直しているが、各駅間については未公表である。

　各駅名の右脇に示した輸送密度は、その駅よりも一つ上の行に示した駅から当駅までの値である。輸送密度が2段にわたって示してあるのは、経路特定区間等であるために乗車券発行用に経由した輸送量ではなく、推定した実際の輸送量に基づいて求めた輸送密度である。その推定方法については第9章（東海道本線、東北本線、総武本線＋外房線／京葉線）および10章（常磐線／千代田線）に述べた。一方、日暮里・尾久・赤羽間の尾久支線について尾久乗降客分の輸送密度のみ計上されているため10千人／日程度と極めて少なく、田端経由の本線（輸送密度700～1,200千人／日）に隣接していて同じ線と見なしても差し支えないと判断して、実乗車数の推定を行わなかった。そのため、日暮里・田端間を6線、田端・赤羽間を4線と見なした。

　実際には2線である赤羽線（通称埼京線）池袋・赤羽間の統計には、山手・東北貨物線経由（いわゆる湘南新宿ライン）の旅客数が含まれているため、この区間は4線と見なした。

　同一駅間でありながら『都市交通年報』上では2線（2社）に分けてデータが記載されているものについては、以下のようにした。

- 東京・神田間、代々木・新宿間：公表通り、別々に記載。
- 北千住・綾瀬間：快速線の分を常磐線に、緩行線の分を千代田線に記載。
- 京成高砂・印旛日本医大・空港第2ビル：北総鉄道、京成成田空港（スカイアクセス）線（2010年度開業）それぞれの値と、合計値（2011年度のみ）の両方を記載。
- 京成空港第2ビル・成田空港間：京成本線とスカイアクセス線とを合計して一括記載。
- 田園調布・日吉間：東横線と目黒線とを合計して一括記載。
- 二子多摩川・溝の口間：田園都市線と大井町線とを合計して一括記載。
- 地下鉄各線の並走区間：以下の2区間以外は公表通り別々に記載。
- 小竹向原・池袋間：有楽町線と副都心線を合計して、有楽町線の複々線区間として一括記載。
- 目黒・白金高輪間：南北線と三田線を合計して「戸籍」のある南北線に一括記載。ただし、三田線の表には同線の旅客として集計されている分の輸送密度のみを記載。

2．1線当たりの輸送密度

　輸送密度の3か年の1日当たり平均値を線数で割って求めた値である。実際の線数と異なっている区間があるのは、前節で示したとおり、他区間経由の乗客数を含めたデータを用いているからである。日暮里・田端・赤羽間と、池袋・赤羽間である。

　なお、最新で2011年度までのデータを用い

ているため、2015年3月開業の上野東京ラインによる東京・上野間の2線増は反映しなかった。4線から6線に増えた同区間における1線当たりの輸送密度の値は、2016年現在、当時の3分の2程度になっているであろう。2012年11月に複々線化された練馬高野台・石神井公園間も、当時のままとした。

値が2段になっているのは、前述のとおり、実際の輸送密度を幅付きで推定した区間である。

3．通過車両数と1両当たりの平均乗客数

各駅間の平日1日当たりの旅客車両の通過数（「通る」という意味であり、もちろん、停車した車両数も含む）を可能な限りの精度で求めて記した。普通車のみならず、グリーン車や特別な料金が必要な列車の分も含んでいる。もちろん、新幹線は含んでいない。特記のない限り2010年度の値である。

各駅間の車両数は以下の方法のいずれかにより求めた。

（A）線区または線路種別ごとに列車編成両数が統一されている場合には、各区間の列車本数（交通新聞社『東京時刻表』や各社時刻表を用いた）に1列車当たりの車両数を乗じて求めた。

（B）JR線の中距離電車等、同じ区間でも列車により車両数が異なる場合は、JRR編集の『普通列車編成両数表』に依った。私鉄では、京浜急行にのみ最新の2015年12月の公式時刻表に全列車の車両数の記載があったので、フライングではあるが利用した。それ以外については、各駅掲示の発車時刻表に記載のあった各列車の編成両数から求めた。

列車ごとの車両数が異なっているにもかかわらず各列車についての車両数の情報が公表されていない私鉄各線については、

（C）『都市交通年報』に掲載の主要私鉄主要区間における1列車当たりの平均両数に、各区間の列車本数を乗じて合計の通過車両数を求めた。

（D）「ウィキペディア」に記載のあった列車種別ごとの編成両数を基に合計の車両数を求めた。この方法で求めた通過車両数を（C）で確認し、大きな乖離が生じていないことを確認した。

（E）各駅掲示の発車時刻表に記載のあった各列車の編成両数から平均値を算出し、各区間の列車本数を乗じて合計の車両数を求めた。

のいずれかの方法により求めた。

各区間について、通過車両数を求めた方法を（A）〜（E）の記号により示した。なお、現時点で入手可能な2010年度の情報が不十分な線区については、それ以降の情報の入手できた年度の値を求めて示した。表中には記号にカッコ書きで年度を記した。数え間違いがなければ、（A）または（B）では誤差はほぼゼロだと思う。それ以外については、5%程度の誤差は有り得ると了解の上でご覧いただきたい。

そして、2009〜11年度の1日当たりの輸送密度の平均値を通過車両数で割り、1両当たりの平均乗客数を求めて記した。ただし、電車1両のサイズ（定員）は必ずしも一様ではない。JRや大部分の私鉄の標準は20メートル車体である一方、例えば、京急と京成は18メートル、メトロ銀座線が16メートルで丸ノ内線が18メートル、モノレールや新交通も短い。車体の大きさに応じて、同じ乗客数であっても混雑度が異なるのはもちろんである。

さらに、2種類（以上）のサイズの電車が混在して走っている区間がある。例えば、長さ18メートル電車の日比谷線が乗り入れていた2013年3月までの東急東横線や、2016年5月現

付　録　東京圏の各駅間輸送密度と乗車率

在の東武伊勢崎線である。あえて補正は行わなかった。

値が2段になっているのは、前述のとおり、実際の輸送密度を幅付きで推定した区間である。

4．定期客率

定期乗車券の旅客が占める割合を、2009～11年度の平均値で示した。ただし、経路特定区間等により実際の輸送密度を幅付きで推定した区間については実際の定期旅客率ではない恐れがある。ここでは、統計上の乗車券販売高輸送密度（駅間乗客数）に対する比率をそのまま示し、*を付した。

以上、本表は、公開された、著者が知り得る限りのデータを用いて推定した値であり、実際の値から誤差が生じている可能性がある。それを用いた結果について、著者は責任を負いかねることをご了解の上、ご覧いただきたい。

		定期外＋定期旅客輸送密度(千人/日)			線数	1線当輸送密度 (千人/線日)	平日通過車両数 (千両/日)	平均乗客数 (人/両)	定期客率
		2011年度	2010年度	2009年度					
JR東日本									
東海道本線									
	東京						A+B		
	有楽町	1,732.9	1,738.7	1,750.8	8	218	19.6	89	0.67
	新橋	1,661.4	1,664.3	1,672.8	8	208	19.6	85	0.67
	浜松町	1,636.3	1,633.2	1,630.3	8	204	19.6	83	0.67
	田町	1,519.5	1,512.7	1,506.0	8	189	19.6	77	0.67
	品川	1,546.0	1,537.8	1,529.2	8	192	19.6	78	0.67
経路特定区間推定値	大井町	945.6 ~1,037.8	954.5 ~1,044.0	1,018.8 ~1,091.5	4	243 ~264	9.7	100 ~109	0.70*
	大森	887.4 ~979.6	898.1 ~987.6	963.5 ~1,036.2	4	229 ~250	9.7	94 ~103	0.71*
	蒲田	820.4 ~912.6	831.3 ~920.8	897.3 ~970.0	4	212 ~234	9.7	88 ~96	0.71*
	川崎	736.2 ~828.4	748.7 ~838.2	815.9 ~888.6	4	192 ~213	8.8	88 ~97	0.71*
	鶴見	677.8 ~770.0	688.5 ~778.0	756.6 ~829.3	4	177 ~198	8.8	81 ~91	0.72*
	新子安	1,086.9	1,091.9	1,093.0	6	182	13.2	82	0.72
	東神奈川	1,087.0	1,092.3	1,093.5	6	182	13.2	82	0.72
	横浜	1,169.4	1,174.4	1,175.8	6	196	14.1	83	0.69
	保土ケ谷	713.2	717.5	719.9	4	179	8.8	82	0.72
	東戸塚	673.1	677.2	679.8	4	169	8.8	77	0.72
	戸塚	619.6	622.9	625.3	4	156	8.8	71	0.71
	大船	513.1	516.5	518.1	4	129	8.8	59	0.70
	藤沢	399.9	401.0	403.7	2	201	5.0	80	0.70
	辻堂	345.7	342.5	344.3	2	172	5.0	69	0.69
	茅ケ崎	280.4	280.6	282.8	2	141	5.0	56	0.67
	平塚	197.1	197.5	199.1	2	99	5.0	39	0.63
	大磯	116.7	117.9	119.6	2	59	4.3	27	0.57
品鶴支線(品川～鶴見)									
	品川						B		
経路特定区間推定値	西大井	414.7 ~506.9	402.6 ~492.1	327.5 ~400.2	2	191 ~233	4.7	81 ~99	0.67*
	武蔵小杉	398.9 ~491.1	386.5 ~476.0	309.9 ~382.6	2	183 ~225	4.7	78 ~96	0.66*
	新川崎	363.7 ~455.9	360.8 ~450.3	309.9 ~382.6	2	172 ~215	4.7	73 ~91	0.68*
	鶴見	349.0 ~441.2	345.9 ~435.4	296.8 ~369.5	2	165 ~208	4.7	70 ~88	0.64*
山手線									
	品川						A+B		
	大崎	856.3	852.5	854.7	4	214	9.1	94	0.62
	五反田	937.9	937.1	942.9	4	235	10.7	88	0.63
	目黒	985.0	986.4	994.7	4	247	10.7	92	0.62
	恵比寿	1,021.0	1,023.0	1,029.7	4	256	10.7	96	0.62
	渋谷	1,118.9	1,123.4	1,134.2	4	281	10.7	105	0.62
	原宿	1,376.4	1,375.9	1,391.2	4	345	10.7	129	0.60
	代々木	1,416.5	1,416.1	1,433.6	4	356	10.7	133	0.59
	新宿	1,133.8	1,127.4	1,168.6	4	286	10.7	107	0.58
	新大久保	1,486.2	1,485.0	1,494.4	4	372	12.8	116	0.64
	高田馬場	1,470.8	1,472.4	1,483.1	4	369	12.8	115	0.64
	目白	1,391.2	1,391.8	1,399.8	4	349	12.8	109	0.65
	池袋	1,385.6	1,386.1	1,394.4	4	347	12.8	108	0.65
	大塚	682.3	683.5	683.2	2	341	7.1	97	0.59
	巣鴨	645.2	644.9	644.3	2	322	7.1	91	0.58

付　録　東京圏の各駅間輸送密度と乗車率

		定期外＋定期旅客輸送密度(千人/日)			線数	1線当輸送密度(千人/線日)	平日通過車両数(千両/日)	平均乗客数(人/両)	定期客率
		2011年度	2010年度	2009年度					
	駒込	605.6	603.2	602.7	2	302	7.1	86	0.58
	田端	595.0	592.7	592.5	2	297	7.1	84	0.58
南武線									
	川崎						A		
	尻手	200.4	203.2	238.1	2	107	2.1	104	0.71
	矢向	192.7	195.2	229.9	2	103	2.1	100	0.71
	鹿島田	181.8	184.6	219.7	2	98	2.1	94	0.71
	平間	186.5	189.3	226.3	2	100	2.1	97	0.71
	向河原	189.3	191.8	226.2	2	101	2.1	98	0.71
	武蔵小杉	212.0	213.7	235.5	2	110	2.0	108	0.73
	武蔵中原	310.8	306.5	294.6	2	152	2.0	154	0.71
	武蔵新城	284.2	280.0	270.1	2	139	2.0	141	0.70
	武蔵溝ノ口	264.3	260.2	251.3	2	129	2.0	131	0.69
	津田山	261.9	257.0	245.7	2	127	2.0	129	0.69
	久地	258.8	253.9	242.6	2	126	2.0	128	0.69
	宿河原	248.4	243.8	233.0	2	121	2.0	123	0.69
	登戸	246.0	241.6	231.0	2	120	2.0	121	0.69
	中野島	198.1	195.6	188.8	2	97	2.0	98	0.68
	稲田堤	181.1	178.6	172.0	2	89	2.0	90	0.67
	矢野口	152.9	151.6	146.1	2	75	2.0	76	0.66
	稲城長沼	144.9	144.0	138.9	2	71	2.0	72	0.66
	南多摩	142.0	141.1	136.3	2	70	2.0	70	0.65
	府中本町	142.4	141.5	137.3	2	70	2.0	71	0.64
	分倍河原	124.5	123.9	121.3	2	62	2.0	62	0.67
	西府	111.8	111.6	109.4	2	55	2.0	56	0.66
	谷保	103.6	103.7	102.0	2	52	2.0	52	0.65
	矢川	99.2	99.1	97.1	2	49	2.0	49	0.65
	西国立	104.4	104.4	102.6	2	52	2.0	52	0.66
	立川	115.0	115.2	113.6	2	57	2.0	57	0.67
南武支線(尻手～浜川崎)									
	尻手						A		
	八丁畷	8.6	8.7	8.4	1	9	0.2	57	0.69
	川崎新町	7.4	7.5	7.1	1	7	0.2	49	0.72
	浜川崎	5.0	5.0	4.7	2	2	0.2	33	0.72
鶴見線									
	鶴見						A		
	国道	42.3	42.6	42.1	2	21	0.5	78	0.83
	鶴見小野	39.8	40.1	39.5	2	20	0.5	74	0.83
	弁天橋	30.2	30.4	30.0	2	15	0.5	56	0.84
	浅野	21.0	20.8	20.4	2	10	0.5	38	0.86
	安善	12.1	11.9	11.7	2	6	0.3	36	0.85
	武蔵白石	8.8	8.6	8.5	2	4	0.3	31	0.86
	浜川崎	4.6	4.5	4.4	2	2	0.3	17	0.78
	昭和	2.1	2.1	2.2	1	2	0.2	11	0.78
	扇町	1.2	1.2	1.1	1	1	0.2	6	0.81
海芝浦支線(浅野～海芝浦)									
	浅野						A		
	新芝浦	7.3	7.4	7.3	2	4	0.2	45	0.92
	海芝浦	6.6	6.7	6.6	2	3	0.2	41	0.93
大川支線(武蔵白石～大川)									
	武蔵白石						A		
	大川	2.1	2.1	2.0	1	2	0.05	41	0.91

	定期外＋定期旅客輸送密度(千人/日)			線数	1線当輸送密度 (千人/線日)	平日通過車両数 (千両/日)	平均乗客数 (人/両)	定期客率
	2011年度	2010年度	2009年度					
武蔵野線								
府中本町					A			
北府中	75.5	75.1	74.7	2	38	1.9	39	0.60
西国分寺	88.8	88.5	88.1	2	44	1.9	46	0.64
新小平	140.3	140.3	140.3	2	70	1.9	73	0.68
新秋津	136.8	136.7	136.5	2	68	1.9	71	0.69
東所沢	144.7	143.8	143.2	2	72	1.9	75	0.69
新座	147.6	146.4	145.7	2	73	2.0	74	0.69
北朝霞	162.6	161.2	159.8	2	81	2.0	82	0.70
西浦和	186.1	183.1	180.6	2	92	2.0	93	0.69
武蔵浦和	199.2	196.1	193.3	2	98	2.0	100	0.69
南浦和	182.2	181.0	178.1	2	90	2.0	92	0.74
東浦和	220.6	216.3	214.8	2	109	2.0	110	0.71
東川口	190.1	185.6	183.8	2	93	2.0	95	0.70
南越谷	170.3	165.8	164.1	2	83	2.0	85	0.70
越谷レイクタウン	143.8	138.4	137.0	2	70	1.9	72	0.66
吉川	127.0	125.6	125.1	2	63	1.9	65	0.68
新三郷	115.8	113.2	112.0	2	57	1.9	59	0.67
三郷	117.7	115.1	113.5	2	58	1.9	60	0.67
南流山	119.0	116.9	115.6	2	59	1.9	61	0.67
新松戸	126.9	124.6	123.3	2	62	1.9	65	0.66
新八柱	134.6	132.0	131.2	2	66	1.9	68	0.66
東松戸	138.5	136.3	135.7	2	68	1.9	71	0.68
市川大野	143.5	141.5	140.9	2	71	1.9	73	0.68
船橋法典	152.7	151.2	150.9	2	76	1.9	78	0.69
西船橋	174.1	172.6	172.5	2	87	1.9	89	0.69
横浜線								
東神奈川					A			
大口	243.8	244.0	243.8	2	122	2.5	98	0.61
菊名	238.8	239.1	238.7	2	119	2.5	96	0.60
新横浜	311.9	312.7	309.8	2	156	2.5	126	0.62
小机	272.4	273.6	271.4	2	136	2.5	110	0.69
鴨居	261.5	262.3	260.3	2	131	2.5	104	0.69
中山	244.2	245.4	243.3	2	122	2.5	98	0.69
十日市場	239.5	240.6	237.2	2	120	2.5	95	0.68
長津田	229.9	230.7	227.6	2	115	2.5	91	0.68
成瀬	252.4	253.1	249.0	2	126	2.5	100	0.69
町田	253.8	254.7	250.6	2	127	2.5	101	0.68
古淵	260.1	260.7	256.5	2	130	2.4	108	0.70
淵野辺	240.6	241.0	236.7	2	120	2.4	99	0.69
矢部	202.1	202.0	198.6	2	100	2.4	83	0.69
相模原	191.2	191.2	188.1	2	95	2.4	79	0.68
橋本	171.5	171.6	169.2	2	85	2.4	71	0.68
相原	143.9	145.2	143.9	2	72	1.9	75	0.68
八王子みなみ野	135.5	137.1	136.0	2	68	1.9	71	0.68
片倉	141.2	145.9	144.6	2	72	1.9	75	0.68
八王子	143.3	148.0	146.7	2	73	1.9	76	0.68
根岸線								
横浜					A			
桜木町	415.1	416.2	419.4	2	208	5.3	79	0.65
関内	336.7	338.3	343.8	2	170	4.0	85	0.68
石川町	267.3	269.4	273.4	2	135	4.0	67	0.71
山手	221.5	223.2	226.7	2	112	4.0	56	0.71
根岸	196.5	198.4	201.9	2	99	4.0	50	0.71
磯子	179.2	181.4	185.2	2	91	4.0	45	0.71
新杉田	162.6	164.6	168.1	2	83	2.7	62	0.70

付　録　東京圏の各駅間輸送密度と乗車率

		定期外＋定期旅客輸送密度(千人/日)			線数	1線当輸送密度 (千人/線日)	平日通週車両数 (千両/日)	平均乗客数 (人/両)	定期客率
		2011年度	2010年度	2009年度					
	洋光台	136.8	138.0	140.5	2	69	2.7	52	0.72
	港南台	117.4	117.9	119.8	2	59	2.7	44	0.71
	本郷台	86.2	86.8	87.9	2	43	2.7	33	0.68
	大船	77.3	77.4	77.8	2	39	2.7	29	0.67
横須賀線									
	大船						B		
	北鎌倉	160.6	160.3	160.9	2	80	3.4	47	0.62
	鎌倉	148.7	148.3	149.0	2	74	3.4	44	0.61
	逗子	91.3	91.7	92.0	2	46	3.4	27	0.69
	東逗子	41.8	42.1	42.9	2	21	1.6	26	0.68
	田浦	35.6	35.9	36.5	2	18	1.6	22	0.67
	横須賀	33.7	34.0	34.6	2	17	1.6	21	0.66
	衣笠	25.0	25.1	25.3	1	25	1.4	18	0.70
	久里浜	13.9	13.8	13.8	1	14	1.4	10	0.63
相模線									
	茅ケ崎						A		
	北茅ケ崎	36.4	36.6	37.1	1	37	0.5	72	0.67
	香川	33.4	33.6	33.9	1	34	0.5	66	0.66
	寒川	28.0	28.2	28.6	1	28	0.5	55	0.63
	宮山	23.0	23.3	23.6	1	23	0.5	45	0.62
	倉見	22.3	22.6	22.9	1	23	0.5	44	0.62
	門沢橋	22.0	22.3	22.6	1	22	0.5	44	0.62
	社家	23.3	23.6	23.9	1	24	0.5	46	0.62
	厚木	25.4	25.5	25.7	1	26	0.5	50	0.63
	海老名	19.3	19.4	19.6	1	19	0.5	38	0.61
	入谷	21.6	21.9	22.0	1	22	0.5	46	0.61
	相武台下	20.6	20.9	20.9	1	21	0.5	44	0.61
	下溝	20.1	20.4	20.5	1	20	0.5	43	0.61
	原当麻	20.6	20.9	21.0	1	21	0.5	44	0.62
	番田	21.1	21.4	21.7	1	21	0.5	45	0.61
	上溝	23.9	24.3	24.5	1	24	0.5	51	0.63
	南橋本	26.7	27.2	27.5	1	27	0.5	57	0.63
	橋本	33.3	34.1	34.3	1	34	0.5	72	0.66
中央本線									
	東京						A+B		
	神田	357.3	358.7	366.5	2	180	6.2	58	0.44
	御茶ノ水	365.1	365.7	372.5	2	184	6.2	59	0.47
	水道橋	1,060.9	1,062.3	1,080.9	4	267	10.8	99	0.58
	飯田橋	1,017.2	1,016.5	1,033.9	4	256	10.8	95	0.57
	市ケ谷	967.4	967.4	985.0	4	243	10.8	90	0.56
	四ツ谷	972.2	973.0	990.3	4	245	10.8	91	0.57
	信濃町	1,023.6	1,025.0	1,042.3	4	258	10.8	95	0.57
	千駄ケ谷	1,038.6	1,040.3	1,058.2	4	261	10.8	97	0.57
	代々木	1,052.7	1,054.7	1,073.0	4	265	10.8	98	0.57
	新宿	1,082.8	1,091.8	1,107.9	4	274	10.8	101	0.67
	大久保	1,036.9	1,046.2	1,054.3	4	261	11.4	91	0.66
	東中野	1,011.1	1,019.8	1,028.1	4	255	11.4	89	0.66
	中野	979.6	987.4	995.3	4	247	11.4	86	0.66
	高円寺	994.3	1,002.8	1,009.9	4	251	11.3	89	0.68
	阿佐ケ谷	943.5	951.0	957.7	4	238	11.3	84	0.68
	荻窪	905.1	911.8	918.2	4	228	11.3	81	0.68
	西荻窪	865.1	870.1	875.8	4	218	11.3	77	0.68
	吉祥寺	833.8	838.2	844.5	4	210	11.3	74	0.68
	三鷹	808.7	813.6	820.0	4	204	11.3	72	0.70
	武蔵境	707.5	712.1	717.9	2	356	7.0	101	0.69

	定期外＋定期旅客輸送密度(千人/日)			線数	1線当輸送密度(千人/線日)	平日通過車両数(千両/日)	平均乗客数(人/両)	定期客率
	2011年度	2010年度	2009年度					
東小金井	647.1	651.6	656.5	2	326	7.0	93	0.69
武蔵小金井	625.1	628.8	633.5	2	315	7.0	90	0.68
国分寺	587.0	590.9	596.2	2	296	6.5	91	0.68
西国分寺	543.6	546.7	549.3	2	273	6.5	85	0.67
国立	544.8	547.6	550.1	2	274	6.5	85	0.67
立川	502.2	504.6	506.2	2	252	6.5	78	0.67
日野	309.2	310.6	310.0	2	155	5.1	61	0.67
豊田	276.9	278.8	279.0	2	139	5.1	55	0.67
八王子	246.1	247.4	247.7	2	124	4.3	57	0.66
西八王子	155.9	157.9	158.9	2	79	4.0	39	0.62
高尾	103.2	104.6	106.0	2	52	4.0	26	0.56
相模湖	55.5	56.2	57.1	2	28	1.3	42	0.45
青梅線								
立川						B(2013)		
西立川	213.9	214.9	216.4	2	108	2.6	82	0.71
東中神	206.2	207.3	208.7	2	104	2.6	79	0.72
中神	199.7	200.8	202.4	2	100	2.6	77	0.72
昭島	188.8	190.1	191.9	2	95	2.6	73	0.72
拝島	164.3	165.6	167.5	2	83	2.6	63	0.70
牛浜	132.6	133.5	135.0	2	67	2.3	58	0.71
福生	128.0	128.8	130.2	2	64	2.3	56	0.71
羽村	105.3	106.2	107.3	2	53	2.3	46	0.72
小作	84.7	85.4	86.4	2	43	2.3	37	0.72
河辺	55.5	56.0	57.0	2	28	2.3	24	0.71
東青梅	33.6	34.1	34.7	2	17	2.2	15	0.69
青梅	21.4	21.7	22.2	1	22	2.2	10	0.65
宮ノ平	8.7	8.7	8.9	1	9	0.3	30	0.53
日向和田	7.8	7.8	8.0	1	8	0.3	27	0.50
石神前	6.1	6.1	6.1	1	6	0.3	21	0.44
二俣尾	5.6	5.6	5.7	1	6	0.3	19	0.43
軍畑	4.9	4.9	5.0	1	5	0.3	17	0.39
沢井	4.5	4.5	4.5	1	4	0.3	15	0.36
御嶽	4.0	4.0	4.0	1	4	0.3	14	0.35
川井	2.8	2.9	2.9	1	3	0.3	10	0.39
古里	2.5	2.6	2.6	1	3	0.3	9	0.39
鳩ノ巣	2.2	2.2	2.3	1	2	0.3	8	0.35
白丸	1.9	1.9	1.9	1	2	0.3	7	0.32
奥多摩	1.8	1.8	1.8	1	2	0.3	6	0.30
五日市線								
拝島						A		
熊川	43.7	43.9	44.6	1	44	0.7	61	0.74
東秋留	41.4	41.6	42.2	1	42	0.7	58	0.74
秋川	33.7	33.9	34.4	1	34	0.7	47	0.73
武蔵引田	21.2	21.2	21.8	1	21	0.7	30	0.73
武蔵増戸	13.9	14.1	14.3	1	14	0.7	20	0.70
武蔵五日市	8.9	9.1	9.3	1	9	0.7	13	0.67
八高線								
八王子						B		
北八王子	34.3	33.7	33.1	1	34	0.4	91	0.68
小宮	27.6	27.5	27.1	1	27	0.4	74	0.65
拝島	25.6	25.6	25.1	1	25	0.4	68	0.63
東福生	20.8	21.2	21.2	1	21	0.4	58	0.70
箱根ケ崎	19.3	19.7	19.7	1	20	0.4	54	0.70
金子	13.1	13.5	13.6	1	13	0.4	38	0.68
東飯能	11.3	11.6	11.7	1	12	0.4	33	0.67

付　録　東京圏の各駅間輸送密度と乗車率

		定期外＋定期旅客輸送密度(千人/日)			線数	1線当輸送密度 (千人/線日)	平日通過車両数 (千両/日)	平均乗客数 (人/両)	定期客率
		2011年度	2010年度	2009年度					
	高麗川	11.8	12.2	12.3	1	12	0.4	34	0.66
	毛呂	3.7	3.9	4.0	1	4	0.1	38	0.57
	越生	2.8	3.0	3.1	1	3	0.1	29	0.52
	明覚	2.5	2.7	2.8	1	3	0.1	26	0.52
東北本線									
	東京						A+B		
	神田	1,165.0	1,163.8	1,174.8	4	292	12.7	92	0.69
	秋葉原	1,292.3	1,293.0	1,307.8	4	324	12.7	102	0.70
	御徒町	1,268.2	1,271.7	1,294.1	4	320	12.7	101	0.64
	上野	1,264.2	1,268.2	1,290.7	4	319	12.7	100	0.65
	鶯谷	1,352.3	1,358.1	1,378.5	10	136	22.6	60	0.66
	日暮里	1,343.6	1,349.7	1,369.8	10	135	22.6	60	0.67
	西日暮里	1,219.2	1,219.0	1,229.0	6	204	17.3	71	0.67
	田端	1,266.2	1,266.2	1,274.5	6	211	17.3	73	0.67
含尾久支線分	上中里	735.6	738.9	747.2	4	185	10.2	73	0.72
	王子	732.9	736.2	744.2	4	184	10.2	72	0.72
	東十条	718.2	721.7	730.3	4	181	10.2	71	0.73
	赤羽	708.1	711.7	720.4	4	178	10.0	71	0.73
	川口	978.4	985.7	996.7	6	164	11.8	84	0.74*
	西川口	920.3	927.4	938.0	6	155	11.8	79	0.74*
	蕨	876.3	882.6	893.7	6	147	11.8	75	0.74*
	南浦和	829.5	834.8	845.8	6	139	11.8	71	0.73*
経路特定区間 推定値	浦和	802.7	807.8	818.3	6	135	10.3	79	0.73*
	北浦和	758.5	764.2	775.2	6	128	10.3	74	0.73*
	与野	718.9	724.3	734.9	6	121	10.3	70	0.73*
	さいたま新都心	708.6	713.9	724.7	6	119	10.3	69	0.73*
	大宮	699.5	706.1	717.0	6	118	10.3	69	0.73*
	土呂	290.1	293.5	298.2	2	147	3.3	90	0.73
	東大宮	269.0	272.4	277.4	2	136	3.3	84	0.73
	蓮田	218.2	221.6	226.0	2	111	3.3	68	0.71
	白岡	186.8	189.5	193.4	2	95	3.3	58	0.71
	新白岡	169.2	171.6	175.1	2	86	3.3	53	0.69
	久喜	161.3	163.5	166.9	2	82	3.3	50	0.69
	東鷲宮	114.5	115.7	117.6	2	58	3.3	36	0.67
	栗橋	95.2	95.9	97.5	2	48	3.3	30	0.63
	古河	76.8	77.4	78.4	2	39	3.2	24	0.61
尾久支線（日暮里～赤羽：尾久乗降客分のみ）									
	日暮里						B		
	尾久	10.1	10.4	10.8	2		4.6		0.56*
	赤羽	6.7	7.0	7.6	2		4.6		0.64*
赤羽線（湘南新宿ラインを含む）									
	池袋						A+B		
	板橋	723.9	725.8	725.1	4	181	6.0	122	0.72
	十条	698.1	700.3	699.7	4	175	6.0	117	0.72
	赤羽	676.9	679.3	678.6	4	170	6.0	114	0.73
埼京線									
	赤羽						A		
	北赤羽	349.5	349.4	346.2	2	174	3.5	99	0.74*
	浮間舟渡	321.8	321.0	317.5	2	160	3.5	91	0.74*
	戸田公園	304.9	303.9	300.6	2	152	3.5	86	0.75*
	戸田	280.1	279.5	276.1	2	139	3.5	79	0.74*
	北戸田	267.7	267.2	264.7	2	133	3.5	76	0.74*
経路特定区間推定値	武蔵浦和	261.2	261.0	258.6	2	130	3.5	74	0.73*
	中浦和	240.1	238.6	236.3	2	119	3.3	73	0.69*

		定期外＋定期旅客輸送密度(千人/日)			線数	1線当輸送密度 (千人/線日)	平日通過車両数 (千両/日)	平均乗客数 (人/両)	定期客率
		2011年度	2010年度	2009年度					
	南与野	225.7	224.3	222.0	2	112	3.3	68	0.67*
	与野本町	211.5	210.3	208.1	2	105	3.3	64	0.66*
	北与野	205.1	203.5	201.2	2	102	3.3	62	0.65*
	大宮	201.5	200.1	197.9	2	100	3.3	61	0.65*
川越線									
	大宮					A			
	日進	111.4	112.4	113.4	2	56	1.5	74	0.74
	西大宮	94.4	95.6	97.0	1	96	1.5	63	0.74
	指扇	87.0	89.1	91.7	1	89	1.5	59	0.74
	南古谷	71.5	72.7	74.2	1	73	1.3	55	0.72
	川越	65.0	66.3	67.4	1	66	1.3	51	0.70
	西川越	25.6	26.2	26.6	1	26	0.4	61	0.68
	的場	23.5	24.1	24.5	1	24	0.4	56	0.69
	笠幡	19.6	20.2	20.4	1	20	0.4	47	0.69
	武蔵高萩	15.2	15.7	16.0	1	16	0.4	37	0.69
	高麗川	11.4	11.8	11.9	1	12	0.4	27	0.67
高崎線									
	大宮					B			
	宮原	343.0	345.9	348.5	2	173	3.3	104	0.74
	上尾	311.2	313.7	316.6	2	157	3.3	95	0.73
	北上尾	258.7	260.9	263.6	2	131	3.3	79	0.73
	桶川	237.8	240.5	243.5	2	120	3.3	73	0.73
	北本	196.3	198.3	200.4	2	99	3.3	60	0.71
	鴻巣	167.8	169.1	170.3	2	85	3.3	51	0.70
	北鴻巣	141.4	142.4	143.3	2	71	3.3	43	0.68
	吹上	129.9	130.9	131.8	2	65	3.3	40	0.67
	行田	116.7	117.2	118.5	2	59	3.3	36	0.66
常磐線									
	日暮里					A+B+E			
	三河島	439.0	447.0	453.5	2	223	5.3	84	0.70
	南千住	432.2	440.1	446.9	2	220	5.3	83	0.70
	北千住	424.8	433.5	441.6	2	217	5.3	81	0.70
2社並走のため推定値	綾瀬	385.0〜413.6	395.7〜424.7	404.2〜433.5	2	197〜212	5.3	74〜80	0.76*
	亀有	685.2	700.5	712.2	4	175	8.8	80	0.76
	金町	649.2	664.1	676.3	4	166	8.8	76	0.76
	松戸	603.6	618.8	632.8	4	155	8.8	71	0.76
	北松戸	519.5	533.0	546.3	4	133	8.5	63	0.74
	馬橋	508.3	520.5	532.8	4	130	8.5	62	0.74
	新松戸	487.5	499.2	510.8	4	125	8.5	59	0.74
	北小金	485.7	496.9	508.5	4	124	8.5	59	0.73
	南柏	455.1	465.8	476.8	4	116	8.5	55	0.73
	柏	427.5	438.3	449.5	4	110	8.5	52	0.72
	北柏	299.4	308.8	318.3	4	77	8.1	38	0.71
	我孫子	267.6	276.2	285.1	4	69	8.1	34	0.71
	天王台	196.7	203.7	210.4	4	51	5.4	37	0.69
	取手	162.3	168.5	174.7	4	42	5.4	31	0.67
	藤代	123.8	129.4	134.4	2	65	2.5	52	0.64
	佐貫	114.3	119.5	124.1	2	60	2.5	48	0.63
	牛久	95.2	99.8	103.5	2	50	2.5	40	0.60
	ひたち野うしく	75.3	78.5	81.9	2	39	2.5	31	0.55

付　録　東京圏の各駅間輸送密度と乗車率

		定期外＋定期旅客輸送密度(千人/日)			線数	1線当輸送密度 (千人/線日)	平日通過車両数 (両/日)	平均乗客数 (人/両)	定期客率
		2011年度	2010年度	2009年度					
	総武本線								
	東京					A+B			
経路特定区間推定値	新日本橋	210.3〜288.1	214.6〜293.4	216.3〜296.0	2	107〜146	4.9	43〜60	0.68*
	馬喰町	208.9〜286.7	213.4〜292.2	215.6〜295.2	2	106〜146	4.9	43〜59	0.68*
	錦糸町	208.8〜286.7	214.1〜292.8	217.3〜296.9	2	107〜146	4.9	43〜59	0.68*
	亀戸	836.3〜914.1	845.2〜924.0	852.9〜932.6	4	211〜231	9.8	87〜95	0.73*
	平井	781.8〜859.6	789.9〜868.7	797.1〜876.7	4	197〜217	9.8	81〜89	0.73*
	新小岩	753.0〜830.8	761.4〜840.2	769.1〜848.8	4	190〜210	9.8	78〜86	0.73*
	小岩	672.4〜750.2	680.6〜759.4	688.5〜768.1	4	170〜190	9.8	70〜78	0.73*
	市川	604.4〜682.3	611.9〜690.7	619.0〜698.6	4	153〜173	9.8	63〜71	0.73*
	本八幡	577.5〜655.3	583.9〜662.7	590.3〜669.9	4	146〜166	9.8	60〜68	0.73*
	下総中山	576.7〜654.6	583.1〜661.9	589.2〜668.9	4	146〜165	9.8	60〜68	0.72*
	西船橋	566.2〜644.0	572.1〜650.9	578.0〜657.7	4	143〜163	9.8	59〜67	0.72*
	船橋	603.1〜681.0	611.0〜689.8	615.3〜694.9	4	152〜172	7.3	83〜94	0.72*
	東船橋	462.9〜540.8	469.1〜547.8	471.4〜551.0	4	117〜137	7.3	64〜75	0.72*
	津田沼	442.8〜520.6	448.4〜527.2	471.4〜551.0	4	114〜133	7.3	62〜73	0.72*
	幕張本郷	322.6〜400.5	326.7〜405.4	327.6〜407.2	4	81〜101	5.8	56〜69	0.71*
	幕張	298.3〜376.1	302.6〜381.3	303.7〜383.3	4	75〜95	5.8	52〜65	0.71*
	新検見川	284.9〜362.7	289.1〜367.9	290.5〜370.1	4	72〜92	5.8	49〜63	0.70*
	稲毛	268.3〜346.1	272.6〜351.4	273.4〜353.1	4	68〜88	5.8	47〜60	0.70*
	西千葉	225.0〜302.8	228.8〜307.5	229.3〜309.0	4	57〜77	5.8	39〜53	0.68*
	千葉	224.0〜301.9	228.9〜307.6	230.3〜310.0	4	57〜77	5.8	39〜53	0.69*
	東千葉	142.2	146.3	148.3	2	73	2.3	62	0.69
	都賀	139.1	143.1	145.1	2	71	2.3	61	0.69
	四街道	110.8	114.6	116.4	2	57	2.3	49	0.67
	物井	80.0	83.4	85.0	2	41	2.3	35	0.64
	佐倉	74.2	77.6	79.0	2	38	2.3	33	0.63
	南酒々井	28.1	28.8	29.5	1	29	0.6	51	0.75
	榎戸	27.7	28.5	29.2	1	28	0.6	50	0.75
	八街	23.8	24.5	25.1	1	24	0.6	43	0.73
	日向	14.4	14.8	15.1	1	15	0.6	26	0.69
	総武支線（錦糸町〜御茶ノ水）								
	錦糸町					A+B			
	両国	663.3	665.0	669.3	2	333	4.8	138	0.73
	浅草橋	680.5	681.4	686.0	2	341	4.8	142	0.72
	秋葉原	724.1	725.7	729.9	2	363	4.8	151	0.71
	御茶ノ水	729.8	731.1	742.5	2	367	4.8	152	0.65

		定期外＋定期旅客輸送密度 (千人/日)			線数	1線当輸送密度 (千人/線日)	平日通過車両数 (千両/日)	平均乗客数 (人/両)	定期客率
		2011年度	2010年度	2009年度					
	京葉線								
	東京						A+B		
経路特定区間推定値	八丁堀	236.0〜313.8	237.7〜316.4	240.4〜320.0	2	119〜158	4.1	58〜77	0.60*
	越中島	265.2〜343.1	267.2〜346.0	271.1〜350.8	2	134〜173	4.1	65〜85	0.61*
	潮見	263.8〜341.6	265.8〜344.6	269.7〜349.3	2	133〜173	4.1	65〜84	0.61*
	新木場	258.5〜336.3	260.6〜339.4	264.4〜344.0	2	131〜170	4.1	64〜83	0.61*
	葛西臨海公園	350.2〜428.1	354.5〜433.3	358.3〜438.0	2	177〜217	4.1	87〜106	0.65*
	舞浜	344.7〜422.5	348.6〜427.4	353.1〜432.7	2	174〜214	4.1	85〜104	0.65*
	新浦安	312.3〜390.1	316.4〜395.1	320.3〜399.9	2	158〜198	4.1	77〜96	0.74*
	市川塩浜	283.1〜360.9	285.8〜364.6	289.0〜368.6	2	143〜182	4.1	70〜89	0.74*
	二俣新町	198.8〜276.7	201.2〜280.0	204.1〜283.7	2	101〜140	3.3	62〜86	0.76*
	南船橋	199.6〜277.5	201.6〜280.4	204.3〜283.9	2	101〜140	3.3	62〜86	0.76*
	新習志野	251.1〜328.9	251.0〜329.7	254.2〜333.8	2	126〜165	3.3	77〜101	0.71*
	海浜幕張	241.2〜319.1	241.3〜320.1	244.4〜324.0	2	121〜161	3.3	74〜98	0.71*
	検見川浜	193.6〜271.5	197.2〜276.0	201.2〜280.9	2	99〜138	3.0	67〜93	0.78*
	稲毛海岸	182.3〜260.1	185.3〜264.1	188.7〜268.3	2	93〜132	3.0	63〜89	0.78*
	千葉みなと	156.6〜234.5	158.9〜237.7	161.7〜241.4	2	80〜119	3.0	54〜80	0.77*
	蘇我	142.0〜219.9	143.9〜222.7	146.8〜226.5	2	72〜112	3.0	49〜75	0.80*
京葉線（市川塩浜〜西船橋）									
	市川塩浜						A		
	西船橋	87.9	88.0	87.8	2	44	0.8	106	0.70
京葉線（西船橋〜南船橋）									
	西船橋						A		
	南船橋	76.4	74.9	74.5	2	38	1.0	77	0.56
成田線									
	佐倉						B		
	酒々井	38.8	41.4	41.7	2	20	1.5	26	0.52
	成田	35.6	38.0	38.3	2	19	1.5	24	0.49
	下総松崎	10.9	11.8	12.8	1	12	0.7	16	0.59
	安食	10.2	11.2	12.0	1	11	0.7	15	0.59
	小林	11.9	13.0	14.0	1	13	0.7	18	0.64
	木下	14.3	15.5	16.7	1	15	0.7	21	0.68
	布佐	17.0	18.3	19.5	1	18	0.7	25	0.70
	新木	22.8	24.2	25.9	1	24	0.7	33	0.73
	湖北	27.9	29.3	31.0	1	29	0.7	40	0.74
	東我孫子	33.9	35.7	37.6	1	36	0.7	49	0.74
	我孫子	34.4	36.3	38.2	1	36	0.7	50	0.73

付　録　東京圏の各駅間輸送密度と乗車率

		定期外＋定期旅客輸送密度(千人/日)			線数	1線当輸送密度 (千人/線日)	平日通過車両数 (千両/日)	平均乗客数 (人/両)	定期客率
		2011年度	2010年度	2009年度					
成田支線(成田～久住)									
	成田						B		
	久住	10.0	9.8	10.0	1	10	0.2	41	0.74
	滑河	9.4	9.3	9.5	1	9	0.2	39	0.74
成田空港線(成田～成田空港)									
	成田						B		
	空港第2ビル	17.7	20.8	21.0	1	20	1.2	17	0.20
	成田空港	10.9	12.7	12.3	1	12	1.2	10	0.20
外房線									
	千葉						B		
経路特定区間推定値	本千葉	70.9～148.7	72.2～151.0	72.8～152.4	2	36～75	2.5	29～60	0.73*
	蘇我	65.9～143.7	67.3～146.0	68.0～147.6	2	34～73	2.5	27～58	0.72*
	鎌取	125.8	127.4	128.5	2	64	1.5	85	0.78
	誉田	98.3	100.1	101.4	2	50	1.5	67	0.77
	土気	87.1	88.8	89.6	2	44	1.5	59	0.77
内房線									
	蘇我						B		
	浜野	114.3	116.4	119.1	2	58	1.6	74	0.74
	八幡宿	105.3	107.5	110.6	2	54	1.6	68	0.74
東武鉄道									
伊勢崎線									
	浅草						D(2016)		
	業平橋	48.6	50.8	51.6	2	25	2.1	24	0.45
	曳舟	124.1	130.4	128.8	2	64	4.3	30	0.63
	東向島	137.4	142.9	141.1	2	70	4.3	33	0.64
	鐘ケ淵	132.6	137.9	136.2	2	68	4.3	32	0.64
	堀切	131.2	136.2	134.5	2	67	4.3	31	0.64
	牛田	133.3	138.3	136.3	2	68	4.3	32	0.64
	北千住	149.4	154.3	152.3	2	76	4.3	35	0.64
	小菅	499.6	509.4	515.4	4	127	6.5	78	0.70
	五反野	496.2	505.8	511.7	4	126	6.5	77	0.70
	梅島	473.2	482.1	487.7	4	120	6.5	74	0.70
	西新井	456.0	465.1	470.7	4	116	6.5	71	0.70
	竹ノ塚	420.0	428.2	434.3	4	107	6.5	66	0.70
	谷塚	375.5	381.8	387.0	4	95	5.9	65	0.70
	草加	360.3	366.3	371.3	4	91	5.9	62	0.70
	松原団地	337.8	343.4	347.8	4	86	5.9	58	0.69
	新田	324.8	330.8	334.6	4	83	5.9	56	0.69
	蒲生	312.0	317.7	321.2	4	79	5.9	54	0.69
	新越谷	306.4	311.9	315.2	4	78	5.9	53	0.69
	越谷	301.3	304.8	308.5	4	76	5.9	52	0.69
	北越谷	278.6	281.4	285.2	4	70	5.9	48	0.69
	大袋	245.2	247.1	250.3	2	124	5.0	50	0.68
	せんげん台	234.5	236.0	238.9	2	118	5.0	47	0.68
	武里	200.6	201.6	203.8	2	101	5.0	40	0.67
	一ノ割	192.7	193.6	195.2	2	97	5.0	39	0.67
	春日部	185.6	186.1	187.5	2	93	5.0	37	0.66
	北春日部	138.5	138.1	138.9	2	69	5.0	28	0.66
	姫宮	131.0	130.5	131.1	2	65	4.8	27	0.65
	東武動物公園	127.7	127.2	127.7	2	64	4.8	27	0.65
	和戸	62.3	61.0	61.0	2	31	1.7	36	0.64
	久喜	60.4	59.1	59.0	2	30	1.7	35	0.64

	定期外＋定期旅客輸送密度(千人/日)			線数	1線当輸送密度(千人/線日)	平日通過車両数(千両/日)	平均乗客数(人/両)	定期客率
	2011年度	2010年度	2009年度					
鷲宮	64.7	64.3	65.2	2	32	1.1	58	0.65
花崎	59.5	59.0	59.7	2	30	1.1	53	0.65
亀戸線								
曳舟						A		
小村井	23.4	23.8	23.3	2	12	0.5	51	0.59
東あずま	24.8	25.4	24.8	2	13	0.5	54	0.60
亀戸水神	26.7	27.4	27.1	2	14	0.5	59	0.60
亀戸	26.3	27.0	26.7	2	13	0.5	58	0.61
大師線								
西新井						A		
大師前	13.2	14.5	15.2	2	7	0.4	33	0.64
日光線								
東武動物公園						D(2013)		
杉戸高野台	50.6	51.2	51.4	2	26	1.9	27	0.64
幸手	39.7	40.3	40.5	2	20	1.9	21	0.61
南栗橋	27.6	28.1	27.9	2	14	1.9	15	0.56
栗橋	21.6	22.3	22.4	2	11	0.7	31	0.50
新古河	17.5	18.5	18.8	2	9	0.8	24	0.60
野田線								
大宮						A		
北大宮	130.6	132.0	132.7	2	66	1.6	83	0.68
大宮公園	127.8	129.0	129.8	2	64	1.6	81	0.68
大和田	123.9	124.7	125.4	2	62	1.6	78	0.68
七里	111.8	112.4	113.0	2	56	1.6	70	0.68
岩槻	99.4	99.7	100.1	2	50	1.6	62	0.68
東岩槻	83.1	82.9	82.4	2	41	1.6	53	0.67
豊春	76.9	76.8	76.4	2	38	1.6	49	0.67
八木崎	74.5	74.3	73.7	2	37	1.6	48	0.67
春日部	74.3	74.4	73.7	2	37	1.6	48	0.67
藤の牛島	49.7	50.0	49.9	1	50	1.4	36	0.68
南桜井	44.4	44.5	44.3	1	44	1.4	32	0.67
川間	32.4	32.2	32.1	1	32	1.4	23	0.66
七光台	28.6	28.3	27.8	1	28	1.4	20	0.64
清水公園	29.7	29.4	28.8	1	29	1.5	20	0.64
愛宕	31.3	31.1	30.5	1	31	1.5	21	0.65
野田市	35.5	35.3	34.8	1	35	1.5	24	0.66
梅郷	41.8	41.6	41.2	1	42	1.5	29	0.66
運河	52.3	52.3	52.0	1	52	1.5	36	0.67
江戸川台	67.8	67.7	67.7	2	34	1.6	43	0.67
初石	86.7	87.0	87.8	2	44	1.6	56	0.68
流山おおたかの森	99.5	100.7	101.6	2	50	1.6	64	0.68
豊四季	88.8	87.5	87.5	2	44	1.6	56	0.66
柏	95.1	93.6	93.7	2	47	1.6	60	0.66
新柏	80.0	81.1	80.9	2	40	1.4	57	0.65
増尾	69.7	70.5	70.1	2	35	1.4	50	0.64
逆井	63.0	63.5	62.9	2	32	1.4	45	0.64
高柳	57.3	57.5	56.8	1	57	1.4	41	0.64
六実	57.3	57.6	56.9	1	57	1.4	40	0.65
新鎌ヶ谷	63.8	64.2	63.5	2	32	1.5	43	0.66
鎌ヶ谷	67.7	67.7	66.9	2	34	1.5	45	0.65
馬込沢	78.7	78.8	78.3	2	39	1.5	53	0.66
塚田	96.5	97.2	97.4	2	49	1.5	65	0.67
新船橋	105.5	105.9	106.2	2	53	1.5	71	0.68
船橋	107.3	107.7	108.0	2	54	1.5	72	0.68

付　録　東京圏の各駅間輸送密度と乗車率

		定期外＋定期旅客輸送密度(千人/日)			線数	1線当輸送密度 (千人/線日)	平日通過車両数 (千両/日)	平均乗客数 (人/両)	定期客率
		2011年度	2010年度	2009年度					
東上線									
	池袋						A		
	北池袋	464.9	467.8	475.9	2	235	6.5	72	0.67
	下板橋	460.1	462.8	471.0	2	232	6.5	72	0.67
	大山	456.4	458.9	467.1	2	230	6.5	71	0.67
	中板橋	436.0	438.4	446.3	2	220	6.5	68	0.67
	ときわ台	421.7	423.6	431.3	2	213	6.5	66	0.67
	上板橋	400.9	403.2	410.9	2	203	6.5	62	0.67
	東武練馬	373.0	375.3	382.7	2	188	6.5	58	0.67
	下赤塚	350.9	354.0	360.8	2	178	6.5	55	0.68
	成増	345.2	347.8	354.3	2	175	6.5	54	0.68
	和光市	333.8	335.5	341.2	2	168	5.0	67	0.69
	朝霞	445.6	451.4	453.4	4	113	7.1	64	0.71
	朝霞台	427.7	433.5	435.5	4	108	7.1	61	0.71
	志木	421.0	426.4	428.7	4	106	7.1	60	0.72
	柳瀬川	363.0	367.5	369.8	2	183	5.2	70	0.72
	みずほ台	349.4	352.9	354.7	2	176	5.2	67	0.72
	鶴瀬	328.4	331.4	333.1	2	165	5.2	63	0.72
	ふじみ野	304.7	307.7	309.6	2	154	5.2	59	0.71
	上福岡	272.3	275.3	277.8	2	138	5.2	53	0.71
	新河岸	247.7	250.9	253.0	2	125	5.2	48	0.71
	川越	240.6	243.3	245.3	2	122	5.2	47	0.70
	川越市	215.3	219.5	222.0	2	109	5.2	42	0.74
	霞ケ関	204.8	208.4	211.3	2	104	2.7	77	0.73
	鶴ケ島	184.4	187.8	190.5	2	94	2.7	69	0.73
	若葉	160.1	163.1	165.5	2	81	2.7	60	0.73
	坂戸	135.1	137.6	139.7	2	69	2.7	51	0.74
	北坂戸	97.1	99.3	101.0	2	50	2.7	37	0.75
越生線									
	坂戸						A		
	一本松	34.4	34.5	34.6	1	35	0.7	48	0.78
	西大家	31.2	31.2	31.4	1	31	0.7	44	0.78
	川角	28.5	28.8	29.1	1	29	0.7	40	0.77
	武州長瀬	15.6	16.0	16.4	1	16	0.7	22	0.68
	東毛呂	11.3	11.5	11.6	2	6	0.7	16	0.70
	武州唐沢	6.2	6.5	6.6	1	6	0.7	9	0.74
	越生	3.8	4.2	4.5	1	4	0.7	6	0.70
西武鉄道									
池袋線									
	池袋						D		
	椎名町	472.0	477.0	487.6	2	239	5.9	81	0.65
	東長崎	462.3	466.4	476.7	2	234	5.9	79	0.66
	江古田	444.8	448.0	457.7	2	225	5.9	76	0.66
	桜台	433.2	436.5	446.4	2	219	5.9	74	0.66
	練馬	430.1	433.3	443.3	2	218	5.9	74	0.66
	中村橋	505.1	513.6	520.6	4	128	7.3	70	0.67
	富士見台	481.4	489.8	496.9	4	122	7.3	67	0.67
	練馬高野台	467.7	475.8	482.7	4	119	7.3	65	0.67
	石神井公園	456.1	463.8	470.7	2	232	7.2	65	0.67
	大泉学園	412.7	420.0	426.7	2	210	7.2	59	0.67
	保谷	365.9	372.0	378.1	2	186	7.2	52	0.67
	ひばりヶ丘	329.7	335.2	341.2	2	168	6.1	55	0.66
	東久留米	298.5	303.3	309.1	2	152	6.1	49	0.66
	清瀬	273.5	277.9	283.6	2	139	6.1	45	0.66
	秋津	238.3	242.0	246.8	2	121	5.0	48	0.64
	所沢	238.2	241.7	246.4	3	81	5.0	48	0.64

		定期外＋定期旅客輸送密度(千人/日)			線数	1線当輸送密度(千人/線日)	平日通過車両数(千両/日)	平均乗客数(人/両)	定期客率
		2011年度	2010年度	2009年度					
	西所沢	194.7	198.0	202.2	2	99	4.5	44	0.66
	小手指	164.2	167.6	172.1	2	84	4.5	37	0.66
	狭山ヶ丘	127.4	130.0	133.9	2	65	2.7	48	0.65
	武蔵藤沢	106.2	108.1	110.9	2	54	2.7	40	0.65
	稲荷山公園	89.4	91.2	93.6	2	46	2.7	34	0.64
	入間市	85.1	87.1	89.8	2	44	2.7	32	0.64
	仏子	60.2	61.5	63.7	2	31	2.7	23	0.63
	元加治	49.4	50.4	52.0	2	25	2.7	19	0.62
	飯能	43.9	44.9	46.6	2	23	2.7	17	0.61
	東飯能	15.7	16.1	17.0	1	16	0.6	29	0.53
	高麗	13.5	13.9	14.9	1	14	0.6	25	0.47
	武蔵横手	10.5	10.7	11.3	1	11	0.6	19	0.43
	東吾野	10.1	10.4	11.0	1	11	0.6	19	0.43
	吾野	9.6	10.0	10.5	1	10	0.6	18	0.43
	西吾野	9.0	9.3	9.7	1	9	0.6	17	0.43
	正丸	8.6	8.9	9.2	1	9	0.6	16	0.42
	芦ヶ久保	8.4	8.6	9.0	1	9	0.6	16	0.42
	横瀬	8.2	8.5	8.8	1	8	0.6	15	0.43
	西武秩父	6.7	6.9	7.2	1	7	0.5	13	0.41
西武有楽町線									
	小竹向原						B		
	新桜台	96.9	100.6	91.5	2	48	2.7	36	0.64
	練馬	95.5	98.7	89.6	2	47	2.7	35	0.64
豊島線									
	練馬						A		
	豊島園	12.7	12.6	12.9	1	13	1.3	10	0.51
狭山線									
	西所沢						A		
	下山口	16.7	16.1	15.3	1	16	0.5	29	0.46
	西武球場前	8.7	8.0	7.7	1	8	0.5	15	0.25
山口線									
	西武遊園地						A		
	遊園地西	2.3	2.0	2.9	1	2	0.3	8	0.32
	西武球場前	2.0	1.8	2.6	1	2	0.3	7	0.21
新宿線									
	西武新宿						D		
	高田馬場	170.8	173.3	179.8	2	87	5.9	30	0.64
	下落合	438.0	447.6	458.7	2	224	5.9	76	0.67
	中井	431.3	440.5	451.5	2	221	5.9	75	0.67
	新井薬師前	429.8	439.0	449.1	2	220	5.9	75	0.67
	沼袋	421.7	430.4	440.4	2	215	5.9	74	0.68
	野方	411.0	419.1	428.9	2	210	5.9	72	0.68
	都立家政	399.7	407.4	417.7	2	204	5.9	70	0.68
	鷺ノ宮	388.6	395.9	406.0	2	198	5.9	68	0.68
	下井草	371.5	378.2	387.8	2	190	5.9	65	0.68
	井荻	357.0	363.2	372.3	2	182	5.9	62	0.68
	上井草	346.4	352.0	360.6	2	177	5.9	60	0.68
	上石神井	335.4	340.9	349.1	2	171	5.9	58	0.68
	武蔵関	310.8	315.4	323.1	2	158	5.5	58	0.68
	東伏見	297.2	301.5	308.8	2	151	5.5	55	0.68
	西武柳沢	285.0	289.0	295.8	2	145	5.5	53	0.67
	田無	283.2	287.1	293.8	2	144	5.5	53	0.67
	花小金井	252.8	255.8	262.3	2	128	5.0	51	0.66

付　録　東京圏の各駅間輸送密度と乗車率

		定期外＋定期旅客輸送密度(千人/日)			線数	1線当輸送密度(千人/線日)	平日通過車両数(千両/日)	平均乗客数(人/両)	定期客率
		2011年度	2010年度	2009年度					
	小平	225.7	228.4	234.2	2	115	5.0	46	0.65
	久米川	142.5	144.7	156.8	2	74	3.3	45	0.63
	東村山	130.9	132.3	142.2	2	68	3.3	41	0.64
	所沢	155.9	157.3	161.3	2	79	3.3	49	0.64
	航空公園	154.0	156.6	161.8	2	79	3.3	48	0.65
	新所沢	135.6	137.9	142.4	2	69	3.3	43	0.66
	入曽	97.4	98.7	101.8	2	50	2.5	39	0.66
	狭山市	87.6	88.4	90.7	2	44	2.5	35	0.65
	新狭山	65.4	65.6	66.6	2	33	2.5	26	0.64
	南大塚	53.4		54.7	2	27	2.5	21	0.62
	本川越	47.1	47.7	48.5	1	48	2.5	19	0.60
拝島線									
	小平						D(2016)		
	萩山	98.7	99.5	107.0	2	51	1.7	59	0.61
	小川	74.0	74.7	80.4	2	38	1.7	45	0.62
	東大和市	81.5	82.4	81.6	2	41	1.7	48	0.65
	玉川上水	67.0	68.0	67.1	2	34	1.7	40	0.67
	武蔵砂川	43.0	43.6	43.4	1	43	1.6	27	0.68
	西武立川	36.6	37.3	36.9	2	18	1.6	23	0.68
	拝島	32.6	33.2	33.0	1	33	1.6	21	0.68
西武園線									
	東村山						D(2016)		
	西武園	4.0	4.1	4.2	1	4	0.5	8	0.47
国分寺線									
	国分寺						A(2016)		
	恋ヶ窪	75.8	77.4	76.3	1	76	1.3	58	0.67
	鷹の台	71.2	72.5	71.4	1	72	1.3	54	0.68
	小川	60.6	61.5	60.5	1	61	1.3	46	0.66
	東村山	54.6	54.7	45.6	1	52	1.3	39	0.70
多摩湖線									
	国分寺						D(2016)		
	一橋学園	37.1	38.2	38.9	1	38	0.8	47	0.58
	青梅街道	26.0	26.3	27.1	1	26	0.8	32	0.55
	萩山	23.5	23.6	24.4	1	24	0.8	29	0.52
	八坂	16.2	16.0	17.5	1	17	0.7	25	0.61
	武蔵大和	11.7	11.5	12.7	1	12	0.7	18	0.60
	西武遊園地	4.8	4.5	5.4	1	5	0.7	7	0.51
多摩川線									
	武蔵境						A		
	新小金井	27.4	28.1	28.3	1	28	0.7	40	0.62
	多磨	25.5	25.9	26.1	1	26	0.7	37	0.62
	白糸台	14.4	14.4	14.6	1	14	0.7	21	0.64
	競艇場前	9.9	9.8	10.0	1	10	0.7	14	0.66
	是政	7.4	7.4	7.6	1	7	0.7	11	0.75
京成電鉄									
本線									
	京成上野						B(2016)		
	日暮里	43.2	44.4	46.5	2	22	3.1	14	0.47
	新三河島	132.9	134.6	134.3	2	67	3.1	43	0.54
	町屋	132.3	134.1	133.8	2	67	3.1	43	0.54
	千住大橋	136.6	138.6	138.5	2	69	3.1	44	0.54
	京成関屋	133.3	135.1	134.8	2	67	3.1	43	0.54

	定期外＋定期旅客輸送密度(千人/日)			線数	1線当輸送密度(千人/線日)	平日通過車両数(千両/日)	平均乗客数(人/両)	定期客率
	2011年度	2010年度	2009年度					
堀切菖蒲園	144.3	146.1	145.7	2	73	3.1	47	0.55
お花茶屋	135.5	137.2	136.6	2	68	3.1	44	0.55
青砥	123.1	125.0	124.7	2	62	3.1	40	0.53
京成高砂	227.0	232.7	232.8	4	58	6.2	37	0.62
京成小岩	123.8	129.7	137.4	2	65	3.0	43	0.58
江戸川	114.7	120.5	128.2	2	61	3.0	40	0.58
国府台	112.6	118.4	126.1	2	60	3.0	40	0.57
市川真間	115.5	121.3	128.7	2	61	3.0	41	0.58
菅野	116.6	122.4	129.9	2	61	3.0	41	0.58
京成八幡	117.9	123.8	131.2	2	62	3.0	41	0.59
鬼越	125.3	131.6	139.5	2	66	3.0	44	0.60
京成中山	124.4	130.6	138.4	2	66	3.0	44	0.60
東中山	124.3	130.5	138.4	2	66	3.0	44	0.60
京成西船	125.2	131.4	139.4	2	66	3.0	44	0.60
海神	128.2	134.4	142.3	2	67	3.0	45	0.60
京成船橋	130.0	136.1	144.0	2	68	3.0	46	0.59
大神宮下	187.3	193.7	202.5	2	97	3.0	65	0.61
船橋競馬場	185.9	192.3	201.2	2	97	3.0	64	0.61
谷津	187.2	193.5	202.2	2	97	3.0	65	0.61
京成津田沼	184.1	190.3	199.0	2	96	3.0	64	0.61
京成大久保	195.4	200.9	209.4	2	101	2.6	77	0.63
実籾	175.6	181.3	189.9	2	91	2.6	70	0.62
八千代台	159.8	165.7	174.8	2	83	2.6	64	0.61
京成大和田	134.5	140.2	149.2	2	71	2.6	54	0.60
勝田台	126.9	132.5	141.4	2	67	2.5	52	0.60
志津	109.6	116.2	125.5	2	59	2.5	46	0.59
ユーカリが丘	99.7	106.3	115.6	2	54	2.5	42	0.59
京成臼井	84.5	90.8	99.7	2	46	2.5	36	0.56
京成佐倉	68.2	73.9	82.1	2	37	2.1	36	0.54
大佐倉	55.2	60.9	68.6	2	31	1.6	39	0.51
京成酒々井	54.9	60.6	68.3	2	31	1.6	38	0.51
宗吾参道	50.9	56.6	64.4	2	29	1.6	36	0.50
公津の杜	50.2	55.9	63.9	2	28	1.6	36	0.50
京成成田	48.6	54.4	62.6	2	28	1.6	35	0.49
空港第2ビル	23.5	28.1	36.3	1	29	0.9	33	0.33
成田空港	18.8	20.3	20.4	1	20	1.7	11	0.32
成田空港線(成田スカイアクセス線)								
京成高砂						A(2016)		
東松戸	17.5	18.0		2	9	0.9	21	0.32
新鎌ヶ谷	19.2	19.5		2	10	0.9	22	0.33
千葉ニュータウン中央	20.6	21.1		2	10	0.9	24	0.34
印旛日本医大	13.0	13.5		2	7	0.9	15	0.11
成田湯川	12.5	12.9		2	6	0.9	15	0.08
空港第2ビル	11.7	12.4		1	12	0.9	14	0.06
北総線＋京成成田空港線の合計								
京成高砂						A(2016)		
新柴又	82.4			2	41	2.2	38	0.64
矢切	80.6			2	40	2.2	37	0.64
北国分	77.9			2	39	2.2	36	0.64
秋山	74.4			2	37	2.2	34	0.63
東松戸	73.8			2	37	2.2	34	0.62
松飛台	80.9			2	40	2.2	37	0.63
大町	78.3			2	39	2.2	36	0.63
新鎌ヶ谷	77.6			2	39	2.2	35	0.63
西白井	87.9			2	44	2.2	40	0.64
白井	70.3			2	35	2.2	32	0.69

付　録　東京圏の各駅間輸送密度と乗車率

		定期外＋定期旅客輸送密度(千人/日)			線数	1線当輸送密度(千人/線日)	平日通過車両数(千両/日)	平均乗客数(人/両)	定期客率
		2011年度	2010年度	2009年度					
	小室	69.5			2	35	2.2	32	0.61
	千葉ニュータウン中央	66.3			2	33	2.2	30	0.60
	印西牧の原	28.5			2	14	2.2	13	0.44
	印旛日本医大	17.3			2	9	1.8	10	0.24
	成田湯川	12.5			1	13	0.9	15	0.08
	空港第2ビル	11.7			1	12	0.9	14	0.06
東成田線									
	京成成田						B(2016)		
	東成田	2.0	2.5	2.6	2	1	0.4	6	0.49
押上線									
	押上						A(2016)		
	京成曳舟	181.2	186.2	186.2	2	92	4.0	46	0.71
	八広	175.7	180.4	180.5	2	89	4.0	44	0.70
	四ツ木	171.8	176.7	176.9	2	88	4.0	44	0.70
	京成立石	166.9	171.9	172.2	2	85	4.0	42	0.71
	青砥	154.4	158.9	159.2	2	79	4.0	39	0.69
金町線									
	京成高砂						A(2016)		
	柴又	29.4	30.8	31.3	1	30	0.7	43	0.61
	京成金町	23.4	24.3	24.7	1	24	0.7	34	0.62
千葉線									
	京成津田沼						B(2016)		
	京成幕張本郷	48.9	49.8	49.3	2	25	1.1	43	0.61
	京成幕張	42.1	42.8	42.1	2	21	1.1	37	0.61
	検見川	37.8	38.4	37.8	2	19	1.1	33	0.58
	京成稲毛	36.5	36.9	36.3	2	18	1.1	32	0.58
	みどり台	35.9	36.5	35.8	2	18	1.1	32	0.58
	西登戸	34.9	35.5	34.8	2	18	1.1	31	0.56
	新千葉	34.7	35.3	34.7	2	17	1.1	30	0.55
	京成千葉	34.1	34.6	34.0	2	17	1.1	30	0.56
	千葉中央	26.8	26.9	26.5	2	13	1.1	23	0.62
千原線									
	千葉中央						B(2016)		
	千葉寺	18.5	18.3	18.0	1	18	0.6	31	0.58
	大森台	15.5	15.2	15.0	1	15	0.6	26	0.60
	学園前	13.2	12.9	12.7	1	13	0.6	22	0.61
	おゆみ野	9.1	9.0	8.8	1	9	0.6	15	0.60
	ちはら台	5.1	5.0	4.9	1	5	0.6	9	0.61
京王電鉄									
	京王線								
	新宿						E(2013)		
	初台	704.5	717.7	732.7	4	180	9.5	75	0.63
	幡ヶ谷	674.5	687.3	702.2	4	172	9.5	72	0.64
	笹塚	659.1	671.8	686.1	4	168	9.5	70	0.64
	代田橋	621.9	633.2	647.0	2	317	7.6	84	0.64
	明大前	617.6	628.6	641.9	2	315	7.6	83	0.64
	下高井戸	660.5	670.5	684.4	2	336	7.6	89	0.64
	桜上水	645.6	655.4	668.8	2	328	7.6	87	0.64
	上北沢	622.3	631.3	644.4	2	316	7.6	84	0.64
	八幡山	614.2	622.9	635.6	2	312	7.6	83	0.64
	芦花公園	591.8	600.1	612.7	2	301	7.6	80	0.64
	千歳烏山	586.2	594.4	606.9	2	298	7.6	79	0.64

	定期外＋定期旅客輸送密度(千人/日)			線数	1線当輸送密度 (千人/線日)	平日通過車両数 (千両/日)	平均乗客数 (人/両)	定期客率
	2011年度	2010年度	2009年度					
仙川	551.4	559.1	570.9	2	280	7.6	74	0.64
つつじヶ丘	522.3	530.3	541.6	2	266	7.6	70	0.64
柴崎	503.2	510.5	521.4	2	256	7.5	68	0.64
国領	497.4	504.6	515.4	2	253	7.5	67	0.64
布田	491.5	498.7	509.1	2	250	7.5	67	0.64
調布	484.3	491.4	501.6	2	246	7.5	66	0.63
西調布	293.3	296.5	301.4	2	149	4.1	72	0.61
飛田給	283.9	287.6	292.6	2	144	4.1	70	0.61
武蔵野台	272.1	275.6	280.7	2	138	4.1	67	0.61
多磨霊園	262.2	265.5	270.4	2	133	4.1	65	0.60
東府中	262.0	265.2	269.9	2	133	4.1	65	0.60
府中	258.2	261.4	265.8	2	131	4.1	64	0.61
分倍河原	227.0	229.9	233.2	2	115	4.1	56	0.62
中河原	201.9	204.7	207.6	2	102	4.1	50	0.62
聖蹟桜ヶ丘	188.4	191.2	193.6	2	96	4.1	47	0.62
百草園	152.1	154.4	155.8	2	77	4.1	38	0.62
高幡不動	148.1	150.5	151.9	2	75	4.1	37	0.62
南平	112.4	114.8	115.9	2	57	4.1	28	0.58
平山城址公園	107.6	109.9	111.2	2	55	4.1	27	0.58
長沼	103.8	106.0	107.3	2	53	4.1	26	0.57
北野	103.6	105.8	107.1	2	53	4.1	26	0.57
京王八王子	56.9	57.9	58.5	2	29	2.2	22	0.54
相模原線								
調布						E(2016)		
京王多摩川	209.9	213.2	218.1	2	107	3.5	61	0.65
京王稲田堤	199.6	202.5	207.2	2	102	3.5	58	0.65
京王よみうりランド	189.4	191.8	195.6	2	96	3.5	55	0.66
稲城	184.6	186.9	190.7	2	94	3.5	54	0.66
若葉台	176.2	178.2	181.5	2	89	3.5	51	0.66
京王永山	168.0	170.2	173.9	2	85	3.7	47	0.65
京王多摩センター	152.5	154.6	157.4	2	77	3.7	42	0.65
京王堀之内	135.0	136.5	137.7	2	68	3.6	38	0.65
南大沢	121.2	122.6	123.8	2	61	3.6	34	0.65
多摩境	93.8	95.0	95.3	2	47	3.6	26	0.65
橋本	86.3	87.3	87.6	2	44	3.6	24	0.65
競馬場線								
東府中						A		
府中競馬正門前	2.9	3.2	3.4	2	2	0.2	14	0.07
動物園線								
高幡不動						A		
多摩動物公園	5.9	5.9	6.1	1	6	0.5	13	0.63
高尾線								
北野						E(2013)		
京王片倉	44.9	46.2	46.7	2	23	2.0	23	0.55
山田	43.2	44.5	45.0	2	22	2.0	22	0.55
めじろ台	41.3	42.6	43.2	2	21	2.0	21	0.56
狭間	30.2	31.2	31.4	2	15	2.0	15	0.53
高尾	28.7	29.8	30.1	2	15	2.0	15	0.54
高尾山口	9.8	10.2	10.1	1	10	2.0	5	0.16
井の頭線								
渋谷						A		
神泉	332.3	334.2	337.9	2	167	3.1	107	0.58
駒場東大前	333.8	335.5	339.1	2	168	3.1	108	0.57

付　録　東京圏の各駅間輸送密度と乗車率

	定期外＋定期旅客輸送密度(千人/日)			線数	1線当輸送密度(千人/線日)	平日通過車両数(千両/日)	平均乗客数(人/両)	定期客率
	2011年度	2010年度	2009年度					
池ノ上	327.7	329.0	332.6	2	165	3.1	106	0.58
下北沢	326.7	328.1	331.6	2	164	3.1	105	0.58
新代田	298.8	299.6	302.0	2	150	3.1	96	0.58
東松原	295.1	296.0	298.4	2	148	3.1	95	0.58
明大前	287.3	288.2	290.7	2	144	3.1	92	0.58
永福町	226.1	227.9	231.0	2	114	3.1	73	0.59
西永福	208.1	210.0	212.6	2	105	3.1	67	0.59
浜田山	199.2	201.0	203.6	2	101	3.1	64	0.59
高井戸	183.4	185.1	187.1	2	93	3.1	59	0.58
富士見ヶ丘	164.1	166.1	168.8	2	83	3.1	53	0.57
久我山	159.3	161.1	163.7	2	81	2.9	55	0.57
三鷹台	146.0	147.4	150.0	2	74	2.9	50	0.55
井の頭公園	139.6	140.9	143.9	2	71	2.9	48	0.54
吉祥寺	139.7	141.0	144.1	2	71	2.9	48	0.54

東京急行電鉄
　東横線

渋谷					A			
代官山	440.4	439.9	446.5	2	221	4.9	90	0.56
中目黒	434.4	434.0	440.5	2	218	4.9	89	0.57
祐天寺	544.6	547.1	556.2	2	275	5.7	96	0.60
学芸大学	534.2	536.4	544.7	2	269	5.7	94	0.60
都立大学	513.9	515.8	523.6	2	259	5.7	91	0.60
自由が丘	506.1	507.6	515.2	2	255	5.7	89	0.61
田園調布	494.8	496.4	503.1	2	249	5.7	87	0.62
多摩川	595.8	598.0	612.1	4	150	8.6	70	0.63
新丸子	560.8	562.8	576.4	4	142	8.6	66	0.63
武蔵小杉	556.4	558.7	571.7	4	141	8.6	65	0.64
元住吉	548.2	545.5	542.2	4	136	8.3	66	0.63
日吉	522.1	518.7	513.9	4	130	8.3	62	0.63
綱島	435.6	434.8	434.5	2	217	5.6	77	0.60
大倉山	406.5	406.7	406.6	2	203	5.6	72	0.59
菊名	397.5	398.0	398.5	2	199	5.6	71	0.59
妙蓮寺	324.0	323.0	326.2	2	162	4.8	67	0.57
白楽	319.0	318.2	321.9	2	160	4.8	66	0.56
東白楽	326.0	325.6	329.6	2	164	4.8	67	0.57
反町	324.2	324.0	328.2	2	163	4.8	67	0.57
横浜	327.2	327.6	332.0	2	164	4.8	68	0.58

　目黒線

目黒					A			
不動前	236.6	235.6	241.6	2	119	2.8	84	0.63
武蔵小山	230.8	229.6	235.2	2	116	2.8	82	0.63
西小山	212.6	211.4	216.5	2	107	2.8	75	0.63
洗足	194.7	194.0	199.3	2	98	2.8	69	0.61
大岡山	191.5	190.8	196.0	2	96	2.8	68	0.61
奥沢	129.8	129.3	136.5	2	66	2.8	47	0.62
田園調布	125.5	125.1	131.9	2	64	2.9	45	0.62

　田園都市線

渋谷					A＋D			
池尻大橋	662.1	667.8	672.9	2	334	5.7	116	0.67
三軒茶屋	630.2	635.2	641.2	2	318	5.7	111	0.67
駒沢大学	567.4	571.5	577.4	2	286	5.7	100	0.68
桜新町	530.8	534.4	540.1	2	268	5.7	93	0.68
用賀	500.9	503.8	509.1	2	252	5.7	88	0.68
二子玉川	493.9	495.8	501.1	2	248	5.7	87	0.69
二子新地	581.0	578.2	573.9	4	144	8.4	69	0.68

		定期外＋定期旅客輸送密度 (千人/日)			線数	1線当輸送密度 (千人/線日)	平日通過車両数 (千両/日)	平均乗客数 (人/両)	定期客率
		2011年度	2010年度	2009年度					
	高津	571.6	568.7	564.0	4	142	8.4	67	0.68
	溝の口	558.9	556.6	551.8	4	139	8.4	66	0.68
	梶が谷	518.1	519.7	520.6	2	260	5.8	90	0.70
	宮崎台	493.1	494.7	495.2	2	247	5.8	85	0.70
	宮前平	467.3	468.3	468.9	2	234	5.8	81	0.70
	鷺沼	442.0	443.3	444.2	2	222	5.8	76	0.69
	たまプラーザ	414.5	415.2	415.0	2	207	5.7	73	0.69
	あざみ野	394.9	396.1	395.7	2	198	5.7	70	0.70
	江田	326.2	327.0	326.8	2	163	5.7	58	0.69
	市が尾	305.9	306.5	306.2	2	153	5.7	54	0.68
	藤が丘	289.0	289.7	289.2	2	145	5.7	51	0.68
	青葉台	281.3	282.3	281.6	2	141	5.7	50	0.68
	田奈	219.9	220.7	219.3	2	110	5.7	39	0.67
	長津田	213.2	214.2	212.8	2	107	5.7	38	0.67
	つくし野	131.5	132.0	131.3	2	66	4.8	28	0.66
	すずかけ台	123.5	124.0	123.0	2	62	4.8	26	0.66
	南町田	116.4	116.9	115.7	2	58	4.8	24	0.66
	つきみ野	101.0	101.6	100.6	2	51	4.8	21	0.65
	中央林間	97.5	98.2	97.4	2	49	4.8	21	0.66
大井町線									
	大井町						A＋D		
	下神明	127.4	126.4	125.4	2	63	2.7	47	0.60
	戸越公園	129.5	128.5	127.5	2	64	2.7	48	0.59
	中延	128.5	127.4	126.2	2	64	2.7	47	0.60
	荏原町	136.3	135.3	134.1	2	68	2.7	50	0.60
	旗の台	137.2	136.3	135.3	2	68	2.7	51	0.60
	北千束	169.1	167.8	165.3	2	84	2.7	62	0.60
	大岡山	170.5	169.2	166.6	2	84	2.7	63	0.60
	緑が丘	223.5	222.1	217.2	2	110	2.7	82	0.61
	自由が丘	225.0	223.5	218.6	2	111	2.7	83	0.61
	九品仏	232.9	229.6	218.8	2	114	2.7	84	0.61
	尾山台	226.2	222.3	211.3	2	110	2.7	81	0.60
	等々力	213.5	209.3	198.2	2	104	2.7	77	0.61
	上野毛	200.8	196.3	185.2	2	97	2.7	72	0.60
	二子玉川	197.0	192.0	180.5	2	95	2.7	70	0.61
池上線									
	五反田						A		
	大崎広小路	101.9	102.1	102.9	2	51	1.3	78	0.66
	戸越銀座	109.5	109.9	110.9	2	55	1.3	83	0.64
	荏原中延	106.8	107.1	107.6	2	54	1.3	81	0.64
	旗の台	100.9	101.1	101.5	2	51	1.3	77	0.63
	長原	100.4	100.0	99.4	2	50	1.3	76	0.63
	洗足池	91.7	91.0	90.3	2	45	1.3	69	0.63
	石川台	85.3	84.7	84.1	2	42	1.3	64	0.64
	雪が谷大塚	78.8	78.3	77.6	2	39	1.3	59	0.65
	御嶽山	67.9	67.4	66.6	2	34	1.2	58	0.64
	久が原	55.4	55.1	54.7	2	28	1.2	48	0.58
	千鳥町	55.3	55.4	55.2	2	28	1.2	48	0.57
	池上	59.6	59.9	59.6	2	30	1.2	52	0.59
	蓮沼	71.9	72.4	72.1	2	36	1.2	62	0.61
	蒲田	74.3	74.9	74.8	2	37	1.2	64	0.61
多摩川線									
	多摩川						A		
	沼部	80.7	80.9	80.4	2	40	1.2	66	0.63

付　録　東京圏の各駅間輸送密度と乗車率

		定期外＋定期旅客輸送密度(千人/日)			線数	1線当輸送密度 (千人/線日)	平日通過車両数 (千両/日)	平均乗客数 (人/両)	定期客率
		2011年度	2010年度	2009年度					
	鵜の木	77.6	77.8	77.2	2	39	1.2	64	0.63
	下丸子	74.4	74.4	73.9	2	37	1.2	61	0.62
	武蔵新田	80.5	80.6	80.1	2	40	1.2	66	0.65
	矢口渡	84.3	84.3	83.8	2	42	1.2	69	0.64
	蒲田	91.4	91.5	91.4	2	46	1.2	75	0.64
こどもの国線									
	長津田						A		
	恩田	11.6	11.4	11.0	1	11	0.3	39	0.61
	こどもの国	10.7	10.5	10.2	1	10	0.3	36	0.66
小田急電鉄									
小田原線									
	新宿						B+D		
	南新宿	474.6	476.8	482.8	2	239	6.2	78	0.60
	参宮橋	477.3	479.4	485.5	2	240	6.2	78	0.60
	代々木八幡	472.3	474.2	480.3	2	238	6.2	77	0.60
	代々木上原	471.8	473.6	479.5	2	237	6.2	77	0.61
	東北沢	661.7	666.1	671.9	2	333	6.9	97	0.64
	下北沢	660.7	665.1	670.9	2	333	6.9	97	0.64
	世田谷代田	719.3	724.2	730.4	2	362	6.9	105	0.65
	梅ケ丘	713.9	718.7	724.8	2	360	6.9	104	0.65
	豪徳寺	700.8	706.0	712.6	4	177	6.9	102	0.65
	経堂	695.2	699.9	706.0	4	175	6.9	102	0.65
	千歳船橋	664.5	669.7	675.3	4	167	6.9	97	0.65
	祖師ケ谷大蔵	639.7	645.3	650.9	4	161	6.9	93	0.65
	成城学園前	623.8	629.5	635.0	4	157	6.9	91	0.66
	喜多見	596.9	602.4	607.2	4	151	6.9	87	0.66
	狛江	580.7	586.1	590.2	4	146	6.9	85	0.66
	和泉多摩川	568.3	573.5	577.2	4	143	6.9	83	0.65
	登戸	563.7	568.8	572.1	3	189	6.9	82	0.65
	向ケ丘遊園	596.3	600.8	602.5	3	200	6.9	87	0.67
	生田	574.5	578.1	579.5	2	289	6.7	86	0.66
	読売ランド前	557.1	560.6	561.7	2	280	6.7	84	0.66
	百合ケ丘	546.5	549.7	550.8	2	274	6.7	82	0.65
	新百合ケ丘	544.8	548.0	549.0	2	274	6.7	82	0.65
	柿生	489.3	492.4	494.5	2	246	5.7	86	0.65
	鶴川	477.3	480.2	482.2	2	240	5.7	84	0.64
	玉川学園前	458.4	460.7	462.2	2	230	5.7	80	0.64
	町田	453.1	455.6	457.1	2	228	5.7	80	0.63
	相模大野	452.2	453.8	453.7	2	227	6.2	73	0.63
	小田急相模原	304.7	306.5	306.7	2	153	4.7	65	0.64
	相武台前	276.2	277.8	277.7	2	139	4.7	59	0.64
	座間	261.4	262.5	262.1	2	131	4.6	56	0.64
	海老名	255.9	256.9	256.5	2	128	4.6	55	0.64
	厚木	279.6	281.7	282.8	2	141	4.6	61	0.64
	本厚木	279.2	281.7	282.9	2	141	4.6	61	0.64
	愛甲石田	199.4	201.4	202.5	2	101	3.0	66	0.64
	伊勢原	169.4	171.2	171.8	2	85	3.0	56	0.63
江ノ島線									
	相模大野						B+D		
	東林間	213.2	212.4	209.7	2	106	2.5	83	0.63
	中央林間	209.5	208.6	205.6	2	104	2.5	82	0.64
	南林間	219.8	219.1	215.9	2	109	2.5	86	0.64
	鶴間	213.8	213.0	209.5	2	106	2.5	84	0.64
	大和	211.2	210.6	207.4	2	105	2.5	83	0.64
	桜ケ丘	178.2	177.6	174.8	2	88	2.5	71	0.65

	定期外＋定期旅客輸送密度(千人/日)			線数	1線当輸送密度(千人/線日)	平日通過車両数(千両/日)	平均乗客数(人/両)	定期客率
	2011年度	2010年度	2009年度					
高座渋谷	168.0	167.0	164.1	2	83	2.5	66	0.65
長後	159.6	159.0	156.1	2	79	2.5	63	0.65
湘南台	160.9	160.5	157.8	2	80	2.5	64	0.64
六会日大前	139.3	139.4	137.7	2	69	2.5	55	0.63
善行	135.4	135.5	134.1	2	67	2.5	54	0.62
藤沢本町	140.1	140.3	139.3	2	70	2.5	56	0.62
藤沢	144.1	144.5	143.7	2	72	2.5	58	0.63
本鵠沼	46.2	48.0	48.0	2	24	1.6	29	0.56
鵠沼海岸	35.4	37.1	37.1	2	18	1.6	22	0.53
片瀬江ノ島	17.3	18.4	18.2	2	9	1.6	11	0.41

多摩線

新百合ケ丘						B+D		
五月台	107.4	108.2	106.0	2	54	2.1	52	0.70
栗平	100.3	101.2	99.2	2	50	2.1	48	0.70
黒川	86.0	86.9	84.9	2	43	2.1	42	0.69
はるひ野	81.7	82.7	80.8	2	41	2.1	40	0.69
小田急永山	77.5	78.8	77.2	2	39	2.1	38	0.69
小田急多摩センター	57.6	58.4	56.6	2	29	2.1	28	0.69
唐木田	21.1	21.2	20.5	2	10	2.1	10	0.75

京浜急行電鉄

本線

泉岳寺						B(2016)		
品川	152.3	157.7		2	77	3.1	50	0.58
北品川	358.0	363.8		2	180	5.6	65	0.59
新馬場	353.3	359.1		2	178	5.6	64	0.59
青物横丁	347.5	353.2		2	175	5.6	63	0.59
鮫洲	339.4	344.5		2	171	5.6	61	0.59
立会川	335.3	340.2		2	169	5.6	61	0.58
大森海岸	332.2	336.8		2	167	5.6	60	0.58
平和島	334.2	338.8		2	168	5.6	60	0.59
大森町	330.2	334.6		2	166	5.6	60	0.58
梅屋敷	326.5	330.9		2	164	5.6	59	0.58
京急蒲田	326.6	331.0		2	164	5.6	59	0.58
雑色	285.8	290.1		2	144	4.9	59	0.63
六郷土手	279.8	283.7		2	141	4.9	57	0.63
京急川崎	278.7	282.7		2	140	4.9	57	0.62
八丁畷	281.9	286.0		2	142	5.0	57	0.65
鶴見市場	277.9	282.1		2	140	5.0	56	0.65
京急鶴見	273.4	277.7		2	138	5.0	55	0.65
花月園前	275.8	280.3		2	139	5.0	56	0.65
生麦	274.3	279.1		2	138	5.0	56	0.65
京急新子安	275.9	280.3		2	139	5.0	56	0.65
子安	276.9	281.3		2	140	5.0	56	0.65
神奈川新町	278.8	283.3		2	141	5.0	57	0.65
仲木戸	286.2	291.1		2	144	5.1	57	0.66
神奈川	287.3	292.4		2	145	5.1	57	0.66
横浜	290.1	295.3		2	146	5.1	58	0.66
戸部	390.4	397.1		2	197	5.0	78	0.67
日ノ出町	382.3	388.7		2	193	5.0	76	0.67
黄金町	380.0	385.9		2	191	5.0	76	0.67
南太田	369.0	375.0		2	186	5.0	74	0.67
井土ケ谷	361.5	367.5		2	182	5.0	72	0.67
弘明寺	350.5	356.4		2	177	5.0	70	0.67
上大岡	341.0	346.6		2	172	5.0	68	0.67
屏風浦	314.9	319.7		2	159	5.0	63	0.66
杉田	307.3	312.0		2	155	5.0	61	0.66

付　録　東京圏の各駅間輸送密度と乗車率

		定期外＋定期旅客輸送密度(千人/日)			線数	1線当輸送密度(千人/線日)	平日通過車両数(千両/日)	平均乗客数(人/両)	定期客率
		2011年度	2010年度	2009年度					
	京急富岡	303.3	307.9		2	153	5.0	61	0.67
	能見台	290.8	295.0		2	146	5.0	58	0.67
	金沢文庫	274.1	278.1		2	138	5.0	55	0.67
	金沢八景	232.7	235.7		4	59	4.9	48	0.66
	追浜	186.0	188.5		2	94	3.1	60	0.66
	京急田浦	171.4	174.4		2	86	3.1	56	0.66
	安針塚	166.8	169.9		2	84	3.1	54	0.66
	逸見	165.9	169.0		2	84	3.1	54	0.66
	汐入	165.7	168.8		2	84	3.1	54	0.66
	横須賀中央	163.6	167.0		2	83	3.1	53	0.66
	県立大学	147.1	150.4		2	74	3.1	48	0.64
	堀ノ内	139.9	143.2		2	71	3.1	46	0.64
	京急大津	36.4	37.2		2	18	1.4	27	0.61
	馬堀海岸	31.9	32.6		2	16	1.4	23	0.61
	浦賀	22.5	23.1		2	11	1.4	17	0.65
空港線									
	京急蒲田						B(2016)		
	糀谷	139.3	142.4		2	70	3.2	44	0.41
	大鳥居	123.8	126.7		2	63	3.2	39	0.37
	穴守稲荷	103.0	105.6		2	52	3.2	33	0.31
	天空橋	91.5	93.7		2	46	3.2	29	0.27
	羽田空港国際線ターミナル	80.2			2	40	3.2	25	0.16
	羽田空港	68.5	74.7		2	36	3.2	23	0.16
大師線									
	京急川崎						A		
	港町	65.5	65.5		2	33	1.0	69	0.63
	鈴木町	62.7	62.8		2	31	1.0	66	0.64
	川崎大師	55.6	55.7		2	28	1.0	58	0.63
	東門前	40.5	40.4		2	20	1.0	42	0.69
	産業道路	29.7	29.7		2	15	1.0	31	0.70
	小島新田	20.8	20.7		2	10	1.0	22	0.74
逗子線									
	金沢八景						B(2016)		
	六浦	38.9	39.3		2	20	1.6	24	0.61
	神武寺	26.2	26.3		2	13	1.6	16	0.57
	新逗子	22.8	23.0		2	11	1.6	14	0.57
久里浜線									
	堀ノ内						B(2016)		
	新大津	102.1	104.4		2	52	2.0	51	0.64
	北久里浜	98.3	100.7		2	50	2.0	49	0.64
	京急久里浜	81.9	84.0		2	41	2.0	41	0.64
	YRP野比	57.0	58.7		1	58	1.7	34	0.64
	京急長沢	39.5	40.8		1	40	1.7	23	0.62
	津久井浜	33.3	34.5		2	17	1.7	20	0.61
	三浦海岸	28.4	29.3		2	14	1.7	17	0.60
	三崎口	17.8	18.4		1	18	1.7	11	0.66
相模鉄道									
本線									
	横浜						E(2013)		
	平沼橋	420.2	428.2	431.3	2	213	6.2	69	0.68
	西横浜	417.8	425.8	429.0	2	212	6.2	69	0.68
	天王町	411.7	419.7	423.0	2	209	6.2	68	0.68
	星川	397.6	405.4	408.1	2	202	6.2	65	0.67

		定期外＋定期旅客輸送密度(千人/日)			線数	1線当輸送密度 (千人/線日)	平日通過車両数 (千両/日)	平均乗客数 (人/両)	定期客率
		2011年度	2010年度	2009年度					
	和田町	387.8	395.5	398.3	2	197	6.2	64	0.67
	上星川	381.4	388.8	391.6	2	194	6.2	63	0.67
	西谷	368.0	375.2	377.9	2	187	6.2	60	0.67
	鶴ヶ峰	358.6	365.5	367.9	2	182	6.2	59	0.67
	二俣川	336.9	343.4	345.6	2	171	6.2	55	0.66
	希望ヶ丘	248.6	252.4	253.2	2	126	3.6	70	0.66
	三ツ境	234.5	238.3	238.8	2	119	3.6	66	0.65
	瀬谷	210.9	213.9	213.4	2	106	3.6	59	0.65
	大和	195.4	197.6	196.8	2	98	3.6	55	0.64
	相模大塚	142.4	143.9	144.0	2	72	2.8	51	0.65
	さがみ野	134.1	135.7	135.6	2	68	2.8	48	0.64
	かしわ台	118.1	119.7	119.4	2	60	2.8	43	0.64
	海老名	112.2	113.7	113.4	2	57	2.8	41	0.63
いずみ野線									
	二俣川						E(2013)		
	南万騎が原	81.8	84.1	85.1	2	42	2.6	32	0.70
	緑園都市	73.4	75.5	76.3	2	38	2.6	29	0.70
	弥生台	55.4	56.8	57.3	2	28	2.6	22	0.68
	いずみ野	45.0	46.1	46.4	2	23	2.6	18	0.67
	いずみ中央	36.0	36.6	36.3	2	18	2.6	14	0.67
	ゆめが丘	27.5	27.7	27.3	2	14	2.6	11	0.66
	湘南台	26.5	26.7	26.3	2	13	2.6	10	0.67
東京地下鉄									
銀座線									
	渋谷						A		
	表参道	220.0	222.4	225.5	2	111	4.4	51	0.46
	外苑前	285.7	288.1	293.8	2	145	4.4	66	0.51
	青山一丁目	277.9	280.0	286.1	2	141	4.4	64	0.48
	赤坂見附	275.7	277.7	283.6	2	139	4.4	64	0.49
	溜池山王	333.0	335.7	343.8	2	169	4.4	77	0.50
	虎ノ門	370.2	372.3	380.9	2	187	4.4	85	0.50
	新橋	373.3	375.0	382.4	2	188	4.4	86	0.50
	銀座	319.7	322.1	327.1	2	161	4.4	74	0.50
	京橋	302.5	305.2	308.5	2	153	4.4	70	0.51
	日本橋	299.1	301.6	304.4	2	151	4.4	69	0.51
	三越前	240.5	242.5	245.4	2	121	4.4	55	0.49
	神田	221.2	223.6	226.5	2	112	4.4	51	0.50
	末広町	211.3	213.4	215.5	2	107	4.4	49	0.50
	上野広小路	203.0	205.2	207.3	2	103	4.4	47	0.51
	上野	198.0	200.3	202.2	2	100	4.4	46	0.52
	稲荷町	126.5	128.0	125.8	2	63	4.0	32	0.38
	田原町	115.4	116.8	114.7	2	58	4.0	29	0.37
	浅草	91.0	92.4	90.7	2	46	4.0	23	0.37
丸ノ内線									
	池袋						A		
	新大塚	265.5	268.3	270.4	2	134	4.1	65	0.62
	茗荷谷	266.7	269.2	271.4	2	135	4.1	65	0.62
	後楽園	268.1	269.8	272.1	2	135	4.0	67	0.61
	本郷三丁目	255.1	256.1	257.4	2	128	4.0	64	0.62
	御茶ノ水	260.6	261.6	263.2	2	131	4.0	65	0.61
	淡路町	235.2	235.9	237.3	2	118	4.0	59	0.60
	大手町	226.4	226.4	228.4	2	114	4.0	56	0.59
	東京	217.0	217.3	219.9	2	109	4.0	54	0.57
	銀座	200.2	201.1	204.5	2	101	4.0	50	0.55
	霞ケ関	187.3	187.6	189.5	2	94	4.0	47	0.56

付　録　東京圏の各駅間輸送密度と乗車率

		定期外＋定期旅客輸送密度(千人/日)			線数	1線当輸送密度 (千人/線日)	平日通過車両数 (千両/日)	平均乗客数 (人/両)	定期客率
		2011年度	2010年度	2009年度					
	国会議事堂前	188.2	188.9	190.9	2	95	4.0	47	0.54
	赤坂見附	195.9	196.9	198.8	2	99	4.0	49	0.55
	四ツ谷	282.9	285.1	289.8	2	143	4.0	71	0.53
	四谷三丁目	280.6	282.6	286.8	2	142	4.0	70	0.52
	新宿御苑前	280.3	282.3	286.1	2	141	4.0	70	0.53
	新宿三丁目	288.6	290.7	293.9	2	146	4.0	72	0.54
	新宿	305.6	305.1	305.5	2	153	4.0	76	0.57
	西新宿	270.4	268.6	267.8	2	134	3.2	84	0.59
	中野坂上	235.5	237.1	236.5	2	118	3.2	74	0.60
	新中野	154.2	155.3	154.0	2	77	2.8	56	0.59
	東高円寺	130.8	131.7	130.5	2	65	2.8	48	0.60
	新高円寺	109.4	110.4	109.5	2	55	2.8	40	0.59
	南阿佐ケ谷	85.0	85.6	84.6	2	43	2.8	31	0.59
	荻窪	69.8	70.3	69.4	2	35	2.8	25	0.60
丸ノ内線支線									
	中野坂上					A			
	中野新橋	65.6	66.6	66.4	2	33	1.5	44	0.60
	中野富士見町	48.3	48.9	48.7	2	24	1.5	32	0.62
	方南町	31.1	31.4	31.1	2	16	1.0	30	0.61
日比谷線									
	北千住					A			
	南千住	306.9	312.4	317.0	2	156	4.5	69	0.73
	三ノ輪	321.7	326.7	330.9	2	163	4.5	72	0.72
	入谷	341.8	347.1	351.2	2	173	4.5	76	0.71
	上野	356.2	361.3	365.8	2	181	4.5	79	0.70
	仲御徒町	343.7	350.2	356.2	2	175	4.5	77	0.70
	秋葉原	325.2	330.8	336.1	2	165	4.5	73	0.69
	小伝馬町	303.8	309.4	314.3	2	155	4.5	68	0.65
	人形町	298.8	304.4	309.1	2	152	4.5	67	0.64
	茅場町	290.2	295.6	300.3	2	148	4.5	65	0.61
	八丁堀	287.4	294.1	299.9	2	147	4.5	65	0.60
	築地	276.7	282.7	288.8	2	141	4.6	62	0.58
	東銀座	277.5	283.4	289.5	2	142	4.6	62	0.58
	銀座	298.1	304.8	311.4	2	152	4.6	67	0.59
	日比谷	268.8	275.0	280.8	2	137	4.6	60	0.57
	霞ケ関	251.3	257.1	262.8	2	129	4.6	56	0.55
	神谷町	282.2	288.6	296.5	2	145	4.4	65	0.53
	六本木	250.1	256.2	262.2	2	128	4.4	58	0.52
	広尾	233.5	239.8	245.6	2	120	4.4	55	0.54
	恵比寿	234.6	241.2	246.5	2	120	4.4	54	0.56
	中目黒	181.0	185.5	190.8	2	93	4.4	42	0.60
東西線									
	中野					A			
	落合	133.9	135.7	135.7	2	68	5.7	24	0.64
	高田馬場	150.3	152.0	151.8	2	76	5.7	27	0.64
	早稲田	296.6	299.8	300.2	2	149	5.7	53	0.65
	神楽坂	290.7	294.4	296.2	2	147	5.7	52	0.63
	飯田橋	302.4	306.2	307.8	2	153	5.7	54	0.63
	九段下	361.1	365.5	366.4	2	182	5.7	64	0.64
	竹橋	387.0	391.0	391.5	2	195	5.7	68	0.64
	大手町	389.8	394.5	394.9	2	197	5.7	69	0.64
	日本橋	509.4	515.0	514.1	2	256	5.7	90	0.65
	茅場町	612.5	618.6	616.1	2	308	5.7	108	0.66
	門前仲町	641.7	649.9	646.7	2	323	5.7	113	0.67
	木場	641.3	650.9	647.4	2	323	5.7	113	0.69

	定期外＋定期旅客輸送密度(千人/日)			線数	1線当輸送密度(千人/線日)	平日通過車両数(千両/日)	平均乗客数(人/両)	定期客率
	2011年度	2010年度	2009年度					
東陽町	599.7	610.3	609.5	2	303	5.7	106	0.69
南砂町	534.5	544.3	545.6	2	271	5.6	97	0.70
西葛西	504.0	514.1	515.7	2	256	5.6	92	0.70
葛西	449.3	458.3	459.6	2	228	5.6	82	0.71
浦安	388.6	397.1	398.5	2	197	5.6	71	0.71
南行徳	351.5	359.0	360.3	2	178	5.6	64	0.72
行徳	326.5	333.0	333.3	2	165	5.6	59	0.71
妙典	301.8	307.6	307.3	2	153	5.6	55	0.71
原木中山	278.3	283.3	282.9	2	141	5.3	53	0.70
西船橋	271.1	276.2	275.5	2	137	5.3	52	0.71
千代田線								
北綾瀬					A			
綾瀬	25.4	25.6	25.2	2	13	0.5	53	0.75
2社並走のため推定値 ｛ 北千住	351.5〜380.1	356.9〜385.9	359.0〜388.3	2	178〜192	4.7	76〜82	0.78*
町屋	444.3	449.1	450.0	2	224	4.7	96	0.73
西日暮里	470.5	476.4	477.6	2	237	4.7	102	0.72
千駄木	386.0	391.7	392.9	2	195	4.7	84	0.71
根津	386.8	392.0	393.2	2	195	4.7	84	0.71
湯島	393.0	398.0	399.1	2	198	4.7	85	0.70
新御茶ノ水	390.1	395.0	395.9	2	197	4.7	84	0.69
大手町	345.8	349.4	350.3	2	174	4.7	75	0.68
二重橋前	293.8	297.1	296.0	2	148	4.7	63	0.65
日比谷	294.8	297.8	296.7	2	148	4.7	64	0.65
霞ケ関	282.4	285.5	284.9	2	142	4.7	61	0.63
国会議事堂前	284.1	287.5	287.9	2	143	4.3	66	0.61
赤坂	275.1	279.0	279.2	2	139	4.3	64	0.61
乃木坂	266.3	269.8	270.3	2	134	4.3	62	0.61
表参道	275.5	279.4	279.8	2	139	4.3	64	0.61
明治神宮前	275.2	278.7	280.7	2	139	4.3	64	0.60
代々木公園	245.2	246.8	248.4	2	123	4.3	57	0.64
代々木上原	225.7	227.0	229.0	2	114	4.3	52	0.66
有楽町線(含副都心線共用区間)								
和光市					A+B			
地下鉄成増	152.9	156.4	152.1	2	77	5.4	28	0.73
地下鉄赤塚	194.5	198.7	193.0	2	98	5.4	36	0.72
平和台	223.4	227.9	222.2	2	112	5.4	41	0.71
氷川台	254.7	259.2	253.2	2	128	5.4	47	0.71
小竹向原	283.7	288.1	282.1	2	142	5.4	53	0.71
千川	394.4	400.9	388.6	4	99	8.1	49	0.69
要町	418.3	424.9	412.4	4	105	8.1	52	0.69
池袋	443.7	450.7	437.9	4	111	8.1	55	0.68
東池袋	345.4	352.8	355.6	2	176	4.3	82	0.69
護国寺	345.9	353.9	357.1	2	176	4.3	82	0.67
江戸川橋	346.6	353.4	356.3	2	176	4.3	82	0.67
飯田橋	353.8	360.3	362.8	2	179	4.3	83	0.66
市ケ谷	275.7	281.6	284.1	2	140	4.3	65	0.64
麹町	272.5	277.8	280.1	2	138	4.3	65	0.62
永田町	266.3	271.4	274.0	2	135	4.3	63	0.61
桜田門	285.8	288.6	289.9	2	144	4.3	67	0.59
有楽町	282.1	284.8	286.1	2	142	4.3	66	0.59
銀座一丁目	296.2	290.1	285.4	2	145	4.3	68	0.62
新富町	278.2	271.4	266.0	2	136	4.3	63	0.61
月島	251.4	243.2	236.5	2	122	4.3	57	0.61
豊洲	245.6	235.1	227.3	2	118	4.3	55	0.62
辰巳	115.1	117.9	117.4	2	58	4.3	27	0.59
新木場	93.8	95.9	95.8	2	48	4.3	22	0.58

付　録　東京圏の各駅間輸送密度と乗車率

	定期外＋定期旅客輸送密度(千人/日)			線数	1線当輸送密度(千人/線日)	平日通過車両数(千両/日)	平均乗客数(人/両)	定期客率
	2011年度	2010年度	2009年度					
半蔵門線								
渋谷						A		
表参道	464.8	470.5	472.1	2	235	5.6	83	0.66
青山一丁目	393.9	398.9	400.0	2	199	5.6	71	0.62
永田町	380.8	385.7	387.4	2	192	5.6	69	0.61
半蔵門	310.9	314.9	315.2	2	157	5.6	56	0.59
九段下	308.3	312.4	312.8	2	156	5.5	57	0.60
神保町	254.5	257.5	257.5	2	128	5.5	47	0.60
大手町	225.6	227.2	227.4	2	113	5.5	41	0.60
三越前	239.6	238.0	233.8	2	119	5.5	43	0.57
水天宮前	214.4	211.7	206.8	2	105	5.5	39	0.54
清澄白河	176.6	173.5	168.9	2	87	5.5	32	0.55
住吉	167.6	165.3	161.2	2	82	4.4	37	0.56
錦糸町	156.0	155.7	151.5	2	77	4.4	35	0.57
押上	120.3	120.1	115.2	2	59	4.4	27	0.62
南北線（含三田線共用区間）								
目黒						A		
白金台	172.7	172.7	173.5	2	86	2.8	62	0.65
白金高輪	178.5	178.6	179.5	2	89	2.8	64	0.64
麻布十番	119.4	118.4	116.9	2	59	2.1	55	0.57
六本木一丁目	137.8	136.6	134.9	2	68	2.2	63	0.55
溜池山王	164.7	163.6	163.9	2	82	2.2	76	0.56
永田町	151.2	149.7	149.4	2	75	2.2	69	0.60
四ツ谷	146.6	145.6	144.9	2	73	2.2	67	0.60
市ケ谷	149.2	148.9	147.7	2	74	2.2	69	0.59
飯田橋	147.5	146.9	145.3	2	73	2.2	67	0.62
後楽園	154.8	128.2	153.4	2	73	2.2	67	0.69
東大前	156.1	157.1	154.8	2	78	2.2	72	0.67
本駒込	143.7	144.7	142.4	2	72	2.2	66	0.68
駒込	139.2	140.7	138.6	2	70	2.2	64	0.69
西ケ原	139.6	141.1	138.5	2	70	2.2	64	0.71
王子	136.1	137.7	135.1	2	68	2.2	63	0.71
王子神谷	108.8	109.6	106.9	2	54	2.2	50	0.73
志茂	80.9	81.5	80.3	2	40	2.1	39	0.74
赤羽岩淵	72.8	73.2	71.7	2	36	2.1	35	0.75
副都心線（共用区間は有楽町線に表示）								
池袋						B		
雑司が谷	179.1	177.8	163.0	2	87	3.8	46	0.57
西早稲田	180.7	179.2	164.5	2	87	3.8	46	0.56
東新宿	183.9	182.2	167.5	2	89	3.8	47	0.55
新宿三丁目	184.8	182.9	168.0	2	89	3.8	47	0.55
北参道	156.9	154.5	143.0	2	76	3.8	40	0.51
明治神宮前	156.8	154.3	142.9	2	76	3.8	40	0.51
渋谷	135.0	132.5	122.9	2	65	3.8	34	0.53
埼玉新都市交通								
伊奈線								
大宮						A		
鉄道博物館	41.0	40.5	40.1	2	20	1.3	32	0.58
加茂宮	34.7	34.2	33.6	2	17	1.3	27	0.62
東宮原	31.1	30.6	30.2	2	15	1.3	24	0.62
今羽	27.8	27.4	27.1	2	14	1.3	21	0.62
吉野原	24.1	23.7	23.4	2	12	1.3	18	0.64
原市	21.1	20.7	20.5	2	10	1.3	16	0.65
沼南	19.0	18.7	18.5	2	9	1.3	15	0.66
丸山	15.5	15.1	15.0	2	8	1.3	12	0.66

	定期外＋定期旅客輸送密度 (千人/日)			線数	1線当輸送密度 (千人/線日)	平日通過車両数 (千両/日)	平均乗客数 (人/両)	定期客率
	2011年度	2010年度	2009年度					
志久	12.9	12.6	12.4	1	13	1.2	11	0.79
伊奈中央	9.8	9.5	9.4	1	10	1.2	8	0.66
羽貫	8.2	7.9	7.8	1	8	1.2	7	0.68
内宿	4.1	4.0	3.9	1	4	1.2	3	0.65
埼玉高速鉄道								
**　埼玉高速鉄道線**								
赤羽岩淵						A		
川口元郷	70.3	70.3	69.2	2	35	2.1	34	0.74
南鳩ヶ谷	58.6	58.6	57.7	2	29	2.1	28	0.73
鳩ヶ谷	50.8	50.8	50.0	2	25	2.1	24	0.73
新井宿	39.3	39.3	38.6	2	20	1.5	26	0.71
戸塚安行	34.7	34.7	33.9	2	17	1.5	23	0.69
東川口	26.9	26.9	26.4	2	13	1.5	18	0.67
浦和美園	10.4	10.4	10.1	2	5	1.5	7	0.51
新京成電鉄								
**　新京成線**								
松戸						A(2016)		
上本郷	105.2	107.5	108.5	2	54	1.7	65	0.69
松戸新田	103.0	105.2	106.2	2	52	1.7	63	0.69
みのり台	103.1	105.1	106.0	2	52	1.7	63	0.70
八柱	100.8	102.7	103.5	2	51	1.7	62	0.70
常盤平	96.4	97.5	98.2	2	49	1.7	59	0.68
五香	86.5	87.6	88.1	2	44	1.7	53	0.69
元山	66.5	67.1	67.2	2	33	1.7	40	0.68
くぬぎ山	52.4	52.5	52.2	2	26	1.7	32	0.64
北初富	50.6	50.7	50.4	2	25	1.7	31	0.64
新鎌ヶ谷	50.3	50.6	50.1	2	25	1.6	31	0.65
初富	51.3	51.2	50.8	2	26	1.6	31	0.65
鎌ヶ谷大仏	50.3	50.1	49.9	2	25	1.6	31	0.65
二和向台	51.7	51.6	51.7	2	26	1.6	32	0.66
三咲	58.9	59.1	59.3	2	30	1.6	36	0.68
滝不動	64.0	64.3	64.5	2	32	1.6	39	0.68
高根公団	68.3	68.7	69.0	2	34	1.6	42	0.68
高根木戸	76.0	76.8	77.2	2	38	1.6	47	0.68
北習志野	78.9	79.8	80.2	2	40	1.6	49	0.68
習志野	87.5	88.6	88.8	2	44	1.6	54	0.67
薬園台	91.8	93.1	93.4	2	46	1.6	57	0.66
前原	99.3	100.9	101.3	2	50	1.6	61	0.66
新津田沼	102.0	103.9	104.1	2	52	1.6	63	0.66
京成津田沼	40.9	42.4	42.3	1	42	1.5	28	0.64
千葉都市モノレール								
**　1・2号線**								
千葉みなと						A		
市役所前	12.5	13.1	13.1	2	6	0.7	18	0.49
千葉	15.9	16.9	16.9	2	8	0.7	23	0.45
千葉公園	18.9	19.8	19.9	2	10	0.4	45	0.51
作草部	18.2	19.1	19.2	2	9	0.4	43	0.51
天台	15.9	16.6	16.8	2	8	0.4	38	0.51
穴川	13.3	13.9	14.0	2	7	0.4	31	0.50
スポーツセンター	12.4	12.8	13.0	2	6	0.4	29	0.50
動物公園	10.1	10.2	10.4	2	5	0.4	23	0.52
みつわ台	9.4	9.5	9.6	2	5	0.4	21	0.53
都賀	8.5	8.6	8.6	2	4	0.4	19	0.51
桜木	14.3	14.6	14.9	2	7	0.4	33	0.63
小倉台	12.0	12.3	12.7	2	6	0.4	28	0.63

付　録　東京圏の各駅間輸送密度と乗車率

	定期外＋定期旅客輸送密度(千人/日)			線数	1線当輸送密度(千人/線日)	平日通過車両数(千両/日)	平均乗客数(人/両)	定期客率
	2011年度	2010年度	2009年度					
千城台北	9.7	10.0	10.3	2	5	0.4	23	0.63
千城台	8.2	8.5	8.9	2	4	0.4	19	0.66
1号線（千葉～県庁前）								
千葉						A		
栄町	3.4	3.7	3.7	2	2	0.3	12	0.42
葭川公園	3.0	3.3	3.3	2	2	0.3	11	0.41
県庁前	1.5	1.7	1.7	2	1	0.3	6	0.35
東京モノレール								
東京モノレール羽田線								
モノレール浜松町						A		
天王洲アイル	105.1	108.9	109.1	2	54	3.2	34	0.38
大井競馬場前	90.0	93.0	91.9	2	46	3.2	29	0.32
流通センター	83.1	87.4	84.4	2	42	3.2	27	0.30
昭和島	70.9	75.8	72.3	2	37	3.2	23	0.24
整備場	68.1	71.1	69.4	2	35	3.1	22	0.22
天空橋	67.3	70.1	68.8	2	34	3.1	22	0.22
羽田空港国際線ビル	67.6			2	34	3.1	22	0.22
新整備場	61.2	67.4	67.4	2	33	3.1	21	0.21
羽田空港第1ビル	58.7	63.7	64.4	2	31	3.1	20	0.20
羽田空港第2ビル	32.0	34.0	33.2	2	17	3.1	11	0.22
東京臨海高速鉄道								
臨海副都心線								
新木場						A		
東雲	51.2	49.6	52.7	2	26	2.9	18	0.54
国際展示場	52.8	51.3	54.2	2	26	2.9	18	0.52
東京テレポート	74.3	71.6	74.9	2	37	2.9	25	0.43
天王洲アイル	101.0	98.8	102.8	2	50	2.9	35	0.47
品川シーサイド	116.0	114.1	118.9	2	58	2.9	41	0.51
大井町	141.5	140.1	143.1	2	71	2.9	49	0.54
大崎	99.7	101.3	101.2	2	50	2.9	35	0.52
ゆりかもめ								
東京臨海新交通臨海線						A（2012：2011年度の輸送密度のみから求めた）		
新橋								
汐留	53.9		70.9	2	31	2.8	20	0.31
竹芝	59.6		78.7	2	35	2.8	22	0.31
日の出	57.3		75.8	2	33	2.8	21	0.31
芝浦ふ頭	56.8		74.9	2	33	2.8	21	0.31
お台場海浜公園	54.2		71.0	2	31	2.8	20	0.29
台場	41.9		54.7	2	24	2.8	15	0.25
船の科学館	30.9		38.7	2	17	2.8	11	0.27
テレコムセンター	28.2		35.3	2	16	2.8	10	0.25
青海	22.3		26.9	2	12	2.8	8	0.16
国際展示場正門	20.2		23.1	2	11	2.8	7	0.17
有明	13.5		15.7	2	7	2.8	5	0.24
有明テニスの森	13.6		15.8	2	7	2.6	5	0.27
市場前	15.3		17.4	2	8	2.6	6	0.29
新豊洲	15.3		17.4	2	8	2.6	6	0.29
豊洲	15.8		18.2	2	9	2.6	6	0.29
東葉高速鉄道								
東葉高速線								
西船橋						A		
東海神	104.3	105.5	105.5	2	53	2.4	44	0.74
飯山満	103.6	104.8	104.9	2	52	2.4	44	0.74

	定期外＋定期旅客輸送密度 (千人/日)			線数	1線当輸送密度 (千人/線日)	平日通過車両数 (千両/日)	平均乗客数 (人/両)	定期客率
	2011年度	2010年度	2009年度					
北習志野	92.8	93.7	93.7	2	47	2.4	39	0.73
船橋日大前	79.0	79.0	78.1	2	39	2.4	33	0.71
八千代緑が丘	68.4	68.8	68.4	2	34	2.4	29	0.71
八千代中央	44.7	45.2	45.1	2	23	2.5	18	0.68
村上	32.7	33.1	33.2	2	17	2.5	13	0.64
東葉勝田台	30.1	30.6	30.7	2	15	2.5	12	0.66

多摩都市モノレール
多摩都市モノレール線

多摩センター						A		
松が谷	33.9	34.7	34.5	2	17	1.0	35	0.64
大塚・帝京大学	35.0	35.8	35.6	2	18	1.0	36	0.65
中央大学・明星大学	37.7	38.5	38.1	2	19	1.0	39	0.65
多摩動物公園	46.2	46.9	46.0	2	23	1.0	48	0.69
程久保	46.7	47.3	46.6	2	23	1.0	48	0.69
高幡不動	47.3	47.9	47.1	2	24	1.0	49	0.69
万願寺	47.2	47.9	47.3	2	24	1.0	49	0.63
甲州街道	46.2	46.8	46.2	2	23	1.0	48	0.64
柴崎体育館	49.4	49.9	49.2	2	25	1.0	51	0.64
立川南	50.6	51.1	50.4	2	25	1.0	52	0.62
立川北	51.3	52.2	52.0	2	26	1.0	53	0.76
高松	47.1	48.1	47.3	2	24	0.9	50	0.55
立飛	42.8	43.7	43.3	2	22	0.9	46	0.59
泉体育館	39.5	40.4	40.7	2	20	0.9	42	0.62
砂川七番	36.0	37.0	37.3	2	18	0.9	39	0.63
玉川上水	32.6	33.6	33.9	2	17	0.9	35	0.63
桜街道	17.2	18.0	18.3	2	9	0.9	19	0.64
上北台	11.7	11.8	11.9	2	6	0.9	12	0.65

横浜高速鉄道
みなとみらい線

横浜						A		
新高島	160.2	156.1	154.5	2	78	4.8	33	0.47
みなとみらい	156.9	152.6	150.1	2	77	4.8	32	0.48
馬車道	105.8	104.5	103.2	2	52	4.8	22	0.52
日本大通り	75.5	74.5	73.3	2	37	4.8	15	0.46
元町・中華街	54.2	53.8	53.5	2	27	4.8	11	0.51

関東鉄道
竜ヶ崎線

佐貫						C		
入地	2.3	2.7	2.5	1	2	0.1	25	0.57
竜ヶ崎	2.2	2.6	2.4	1	2	0.1	24	0.57

常総線

取手						C		
西取手	11.4	12.1	13.0	2	6	0.4	33	0.61
寺原	10.7	11.3	12.1	2	6	0.4	31	0.63
新取手	9.5	9.4	10.7	2	5	0.4	27	0.62
ゆめみ野	7.9							0.61
稲戸井	7.2	8.1	8.6	2	4	0.4	22	0.61
戸頭	6.8	7.1	7.6	2	4	0.4	20	0.61
南守谷	7.2	7.5	7.8	2	4	0.4	20	0.63
守谷	7.2	8.1	8.4	2	4	0.4	21	0.66
新守谷	6.6	7.4	7.8	2	4	0.4	18	0.63

付　録　東京圏の各駅間輸送密度と乗車率

	定期外＋定期旅客輸送密度(千人/日)			線数	1線当輸送密度(千人/線日)	平日通過車両数(千両/日)	平均乗客数(人/両)	定期客率
	2011年度	2010年度	2009年度					
流鉄								
流山線								
馬橋						C		
幸谷	3.0	3.0	3.1	1	3	0.3	10	0.52
小金城趾	7.3	7.5	7.8	1	8	0.3	26	0.48
鰭ケ崎	6.0	6.1	6.4	1	6	0.3	21	0.49
平和台	5.1	5.2	5.4	1	5	0.3	18	0.50
流山	2.7	2.7	2.8	1	3	0.3	9	0.50
北総鉄道								
北総線								
京成高砂						A(2016)		
新柴又	64.9	64.9	63.7	2	32	1.3	49	0.73
矢切	63.2	63.1	62.0	2	31	1.3	47	0.73
北国分	60.4	60.1	58.9	2	30	1.3	45	0.73
秋山	56.9	56.4	55.1	2	28	1.3	42	0.72
東松戸	56.3	55.6	54.2	2	28	1.3	42	0.72
松飛台	61.6	60.6	59.5	2	30	1.3	46	0.72
大町	59.1	58.0	56.8	2	29	1.3	44	0.73
新鎌ヶ谷	58.4	57.3	56.1	2	29	1.3	43	0.73
西白井	67.3	67.0	66.2	2	33	1.3	50	0.73
白井	57.2	56.5	55.5	2	28	1.3	42	0.72
小室	48.9	47.8	46.8	2	24	1.3	36	0.72
千葉ニュータウン中央	45.7	44.4	43.2	2	22	1.3	33	0.72
印西牧の原	15.5	15.3	14.8	2	8	1.3	11	0.73
印旛日本医大	4.3	3.8	3.4	2	2	0.9	4	0.64
江ノ島電鉄								
藤沢						C		
石上	23.5	26.0	23.0	1	24	0.6	39	0.33
柳小路	23.3	25.7	22.7	1	24	0.6	39	0.34
鵠沼	21.4	23.9	20.9	1	22	0.6	36	0.34
湘南海岸公園	18.1	20.5	17.4	1	19	0.6	30	0.32
江ノ島	16.9	19.4	16.3	1	18	0.6	29	0.32
腰越	19.4	20.9	18.9	1	20	0.6	32	0.34
鎌倉高校前	17.7	19.2	17.2	1	18	0.6	29	0.31
七里ケ浜	16.3	17.8	15.6	1	17	0.6	27	0.28
稲村ケ崎	15.1	16.7	14.3	1	15	0.6	25	0.26
極楽寺	16.6	18.2	15.7	1	17	0.6	27	0.28
長谷	17.5	19.1	16.6	1	18	0.6	29	0.27
由比ケ浜	19.0	18.7	19.4	1	19	0.6	31	0.31
和田塚	19.4	19.2	19.8	1	19	0.6	32	0.31
鎌倉	19.4	19.2	19.7	1	19	0.6	32	0.31
湘南モノレール								
江の島線								
大船						A		
富士見町	25.8	25.8	26.1	1	26	0.8	33	0.45
湘南町屋	22.7	22.7	22.8	1	23	0.8	29	0.46
湘南深沢	17.0	17.0	17.2	1	17	0.8	22	0.50
西鎌倉	12.4	12.4	12.6	1	12	0.8	16	0.49
片瀬山	7.9	7.9	8.1	1	8	0.8	10	0.45
目白山下	4.5	4.5	4.6	1	5	0.8	6	0.28
湘南江の島	4.3	4.3	4.4	1	4	0.8	5	0.29

	定期外＋定期旅客輸送密度 (千人/日)			線数	1線当輸送密度 (千人/線日)	平日通過車両数 (千両/日)	平均乗客数 (人/両)	定期客率
	2011年度	2010年度	2009年度					
首都圏新都市鉄道								
つくばエクスプレス								
秋葉原						A		
新御徒町	114.5	113.0	110.1	2	56	2.4	46	0.68
浅草	142.0	140.0	135.7	2	70	2.4	57	0.69
南千住	149.0	147.1	142.7	2	73	2.4	60	0.68
北千住	151.7	149.4	144.9	2	74	2.4	61	0.68
青井	200.1	196.1	188.7	2	97	2.4	80	0.69
六町	191.2	187.2	180.0	2	93	2.4	76	0.69
八潮	174.6	171.4	165.2	2	85	2.4	70	0.69
三郷中央	157.2	154.8	149.4	2	77	2.3	67	0.69
南流山	149.8	147.9	143.0	2	73	2.3	64	0.69
流山セントラルパーク	144.6	141.8	136.2	2	70	2.3	61	0.67
流山おおたかの森	141.4	138.7	133.2	2	69	2.3	60	0.67
柏の葉キャンパス	109.3	107.0	102.2	2	53	2.3	46	0.64
柏たなか	89.5	87.8	84.0	2	44	2.3	38	0.64
守谷	84.8	83.3	79.8	2	41	2.3	36	0.63
みらい平	48.7	47.2	44.8	2	23	1.2	38	0.57
みどりの	43.9	42.7	40.8	2	21	1.2	34	0.55
万博記念公園	40.1	38.9	37.1	2	19	1.2	31	0.55
研究学園	37.1	36.1	34.5	2	18	1.2	29	0.54
つくば	29.9	29.6	28.7	2	15	1.2	24	0.54
東京都交通局								
浅草線								
押上						A		
本所吾妻橋	178.0	184.0	183.1	2	91	4.1	44	0.70
浅草	219.2	195.1	193.9	2	101	4.1	49	0.66
蔵前	205.5	212.2	210.7	2	105	4.1	51	0.65
浅草橋	211.3	217.4	216.0	2	107	4.1	52	0.64
東日本橋	201.7	207.6	207.1	2	103	4.1	50	0.63
人形町	218.7	224.9	224.9	2	111	4.1	54	0.61
日本橋	229.8	235.6	235.3	2	117	4.1	57	0.60
宝町	251.7	258.2	259.1	2	128	4.1	62	0.60
東銀座	252.3	259.1	260.1	2	129	4.1	62	0.60
新橋	259.9	266.4	267.8	2	132	4.1	64	0.59
大門	248.0	254.7	256.9	2	127	4.1	61	0.58
三田	254.8	261.6	263.8	2	130	4.1	63	0.59
泉岳寺	250.2	257.7	259.7	2	128	4.1	62	0.61
高輪台	106.0	107.7	108.2	2	54	2.9	37	0.64
五反田	103.3	105.0	105.3	2	52	2.9	36	0.64
戸越	95.6	96.4	96.9	2	48	2.9	33	0.68
中延	79.4	79.9	80.3	2	40	2.9	27	0.69
馬込	61.2	61.2	61.4	2	31	2.9	21	0.71
西馬込	38.6	38.4	38.2	2	19	2.9	13	0.74
三田線								
西高島平						A		
新高島平	12.0	12.0	12.0	2	6	2.1	6	0.74
高島平	24.2	21.2	21.4	2	11	2.1	10	0.69
西台	48.9	50.2	51.0	2	25	2.4	21	0.72
蓮根	70.6	72.3	73.1	2	36	2.4	31	0.72
志村三丁目	85.3	87.2	88.2	2	43	2.4	37	0.71
志村坂上	111.2	113.1	114.1	2	56	2.4	48	0.71
本蓮沼	131.7	133.6	133.9	2	67	2.4	57	0.71
板橋本町	148.0	150.3	150.5	2	75	2.4	64	0.71
板橋区役所前	170.0	172.0	172.0	2	86	2.4	73	0.71
新板橋	188.2	190.4	190.5	2	95	2.4	80	0.70

付　録　東京圏の各駅間輸送密度と乗車率

	定期外＋定期旅客輸送密度(千人/日)			線数	1線当輸送密度 (千人/線日)	平日通過車両数 (千両/日)	平均乗客数 (人/両)	定期客率
	2011年度	2010年度	2009年度					
西巣鴨	190.3	192.1	192.3	2	96	2.4	81	0.70
巣鴨	205.9	207.6	207.3	2	103	2.4	88	0.70
千石	184.6	186.3	185.4	2	93	2.4	79	0.71
白山	196.8	199.0	197.5	2	99	2.4	84	0.69
春日	206.5	208.9	207.3	2	104	2.4	88	0.69
水道橋	206.6	209.4	207.9	2	104	2.4	88	0.65
神保町	198.0	200.5	199.3	2	100	2.4	85	0.63
大手町	175.7	178.6	179.6	2	89	2.4	75	0.63
日比谷	178.9	182.3	183.9	2	91	2.4	77	0.61
内幸町	164.5	168.4	170.4	2	84	2.4	71	0.61
御成門	147.8	150.6	152.4	2	75	2.4	64	0.61
芝公園	132.0	134.7	136.0	2	67	2.4	57	0.61
三田	123.8	126.5	128.0	2	63	2.4	53	0.62
白金高輪	97.6	98.9	100.6	2	50	2.4	42	0.61
白金台	80.7	81.7	83.6	2	41			0.67
目黒	78.1	79.0	80.8	2	40			0.68
新宿線								
新宿						B(2016)		
新宿三丁目	257.5	264.0	266.4	2	131	3.7	70	0.63
曙橋	279.5	286.2	288.3	2	142	3.7	76	0.61
市ケ谷	278.2	284.5	286.6	2	142	3.7	76	0.61
九段下	267.9	273.9	275.4	2	136	3.7	73	0.61
神保町	245.2	250.6	250.8	2	124	3.7	67	0.61
小川町	238.6	241.9	240.8	2	120	3.7	64	0.62
岩本町	250.3	252.6	251.0	2	126	3.7	67	0.62
馬喰横山	250.4	251.9	249.6	2	125	3.7	67	0.63
浜町	247.1	247.7	245.5	2	123	3.7	66	0.64
森下	236.8	237.5	235.4	2	118	3.7	64	0.64
菊川	241.4	242.1	240.0	2	121	3.7	65	0.69
住吉	230.0	230.8	228.5	2	115	3.7	62	0.70
西大島	236.7	238.7	236.1	2	119	3.7	64	0.70
大島	222.3	223.8	221.5	2	111	3.7	60	0.71
東大島	200.8	201.9	199.4	2	100	3.7	54	0.71
船堀	181.5	182.3	179.9	2	91	3.7	49	0.71
一之江	145.8	146.8	144.9	2	73	3.7	39	0.71
瑞江	121.8	122.9	121.1	2	61	3.7	33	0.71
篠崎	88.0	89.6	88.7	2	44	3.7	24	0.70
本八幡	66.9	68.5	68.2	2	34	3.7	18	0.68
大江戸線								
都庁前						A		
新宿西口	48.8	50.0	49.8	2	25	3.0	17	0.54
東新宿	77.0	77.8	77.4	2	39	3.0	26	0.55
若松河田	81.5	81.7	80.6	2	41	3.0	27	0.54
牛込柳町	74.5	74.5	73.5	2	37	3.0	25	0.54
牛込神楽坂	73.2	72.9	71.8	2	36	3.0	25	0.54
飯田橋	72.8	72.5	71.2	2	36	3.0	24	0.55
春日	74.8	74.3	72.7	2	37	3.0	25	0.55
本郷三丁目	78.4	78.2	76.7	2	39	3.0	26	0.59
上野御徒町	79.2	79.1	77.3	2	39	3.0	27	0.60
新御徒町	70.8	71.2	69.7	2	35	3.0	24	0.62
蔵前	63.7	64.4	63.5	2	32	3.0	22	0.62
両国	54.4	55.1	54.2	2	27	3.0	18	0.63
森下	61.8	62.8	61.9	2	31	3.0	21	0.61
清澄白河	82.8	83.9	82.8	2	42	3.0	28	0.61
門前仲町	93.4	94.6	93.4	2	47	3.1	30	0.61
月島	115.0	117.0	115.7	2	58	3.1	38	0.63

	定期外＋定期旅客輸送密度(千人/日)			線数	1線当輸送密度(千人/線日)	平日通過車両数(千両/日)	平均乗客数(人/両)	定期客率
	2011年度	2010年度	2009年度					
勝どき	103.5	106.6	106.8	2	53	3.1	34	0.63
築地市場	102.2	104.5	104.2	2	52	3.1	34	0.60
汐留	106.8	109.7	109.8	2	54	3.1	35	0.58
大門	115.3	118.2	118.4	2	59	3.1	38	0.57
赤羽橋	144.2	148.8	149.7	2	74	3.1	48	0.51
麻布十番	151.3	156.3	157.7	2	78	3.1	50	0.52
六本木	155.7	160.8	162.1	2	80	3.1	51	0.52
青山一丁目	188.5	194.1	195.1	2	96	3.1	62	0.51
国立競技場	185.0	190.0	191.3	2	94	3.1	61	0.53
代々木	183.9	188.9	190.3	2	94	3.1	60	0.53
新宿	183.0	187.7	189.4	2	93	3.1	60	0.54
都庁前	166.7	168.9	169.9	2	84	3.1	54	0.59
西新宿五丁目	173.5	175.5	176.3	2	88	3.1	56	0.62
中野坂上	157.6	159.4	160.6	2	80	3.1	51	0.62
東中野	160.2	161.8	162.8	2	81	3.1	52	0.64
中井	168.8	170.9	171.9	2	85	3.1	55	0.65
落合南長崎	158.3	159.7	160.5	2	80	3.1	51	0.65
新江古田	142.0	143.1	143.7	2	71	3.1	46	0.66
練馬	125.1	126.0	126.1	2	63	3.1	41	0.66
豊島園	82.7	83.0	83.4	2	42	3.1	27	0.68
練馬春日町	74.0	74.0	74.4	2	37	3.1	24	0.68
光が丘	56.5	56.8	57.2	2	28	3.1	18	0.69
横浜市交通局								
ブルーライン(1・3号線)								
湘南台						A		
下飯田	47.4	47.1	45.5	2	23	1.9	24	0.64
立場	51.5	51.2	49.4	2	25	1.9	26	0.64
中田	65.8	65.5	63.6	2	32	1.9	34	0.65
踊場	78.1	77.8	75.8	2	39	1.9	40	0.66
戸塚	90.6	90.7	88.6	2	45	2.0	46	0.67
舞岡	77.9	78.3	77.0	2	39	2.0	39	0.62
下永谷	78.3	78.8	77.6	2	39	2.0	40	0.62
上永谷	79.5	79.9	79.0	2	40	2.0	40	0.61
港南中央	92.6	93.5	92.7	2	46	2.0	47	0.61
上大岡	99.5	100.6	99.9	2	50	2.0	51	0.62
弘明寺	92.4	93.9	94.2	2	47	2.0	47	0.58
蒔田	97.6	98.9	99.6	2	49	2.0	50	0.59
吉野町	104.4	105.8	106.9	2	53	2.0	54	0.59
阪東橋	108.9	110.4	111.6	2	55	2.0	56	0.59
伊勢佐木長者町	112.8	114.4	115.6	2	57	2.0	58	0.59
関内	111.8	113.2	114.3	2	57	2.0	57	0.59
桜木町	101.5	102.1	102.3	2	51	2.0	52	0.58
高島町	97.5	97.9	98.2	2	49	2.0	50	0.57
横浜	99.0	99.5	99.7	2	50	2.0	50	0.57
三ツ沢下町	144.2	143.9	143.3	2	72	2.0	73	0.60
三ツ沢上町	138.4	138.0	137.3	2	69	2.0	70	0.60
片倉町	131.8	131.6	130.8	2	66	2.0	67	0.59
岸根公園	123.5	123.2	122.4	2	62	2.0	63	0.58
新横浜	121.2	120.8	120.0	2	60	2.0	61	0.58
北新横浜	117.2	116.4	115.3	2	58	2.0	59	0.58
新羽	111.9	111.0	110.2	2	55	2.0	56	0.58
仲町台	106.8	106.0	104.9	2	53	2.0	53	0.58
センター南	103.5	102.6	101.2	2	51	2.0	51	0.57
センター北	84.8	84.6	84.6	2	42	2.0	42	0.55
中川	82.5	82.5	82.3	2	41	2.0	41	0.56
あざみ野	79.2	79.6	79.7	2	40	2.0	40	0.56

付　録　東京圏の各駅間輸送密度と乗車率

	定期外＋定期旅客輸送密度(千人/日)			線数	1線当輸送密度 (千人/線日)	平日通過車両数 (千両/日)	平均乗客数 (人/両)	定期客率
	2011年度	2010年度	2009年度					
グリーンライン(4号線)								
中山					A			
川和町	22.5	21.7	20.0	2	11	1.3	17	0.60
都筑ふれあいの丘	26.1	24.9	23.0	2	12	1.3	19	0.61
センター南	36.8	35.0	32.0	2	17	1.3	27	0.62
センター北	38.0	36.3	33.0	2	18	1.3	28	0.64
北山田	51.0	48.6	44.1	2	24	1.3	37	0.62
東山田	53.5	50.6	45.5	2	25	1.3	39	0.65
高田	54.6	51.6	46.7	2	25	1.3	40	0.65
日吉本町	58.2	55.1	50.3	2	27	1.3	43	0.66
日吉	63.8	60.8	55.5	2	30	1.3	47	0.67

あとがき

　趣味の鉄道を本職にはしなかったが、多くの幸運のお蔭で鉄道が著者の天職になったのだと思わずにはいられない。

　2冊目の自叙伝『決断のとき』の聞き役に指名されて以来、元国鉄総裁・仁杉 巖氏からは鉄道経営者・技術者としての社会に対する責任の果たし方についてご指導いただいてきた。「国鉄総裁秘書」は鉄道ファンとして最高の栄誉ではあったが、お話を伺っていくうちに、鉄道のあり方に対する著者の考え方が変わってきた。上野駅で眺めれば他線より明らかに見劣りしていた常磐線の列車本数が著者の鉄道への興味関心の二つ目の出発点ではあったが、未だ改善の余地はあるものの、データを基にした考察がようやくできるようになってきたと思う。

　残念なのは、本書の完成直前の2015年12月に仁杉氏が百歳の天寿を全うされたことである。是非この世で手に取ってご覧いただきご意見を伺いたかったと思う。本書やその元となる『交通と統計』への合計10回に及ぶ連載「輸送密度から鉄道の本質が見える」は、著者が興味から作成した本書付録「東京圏の各駅間輸送密度と乗車率」の原案に対する、決してお世辞は言わなかった仁杉氏の「面白い」の一言から始まっている。本書を謹んで仁杉先生に捧げます。

　本書誕生のきっかけは、当初存在すら知らなかった交通統計研究所との出会いに始まる。拙著の2冊を担当された㈱交通新聞社取締役、現 交通新聞サービス㈱社長 林 房雄氏のネットワークと機転がなければ、国鉄時代の毎年度の各駅間輸送密度という「宝」の山である交通統計研究所の当時の専務理事・高瀬義道氏をご紹介いただくことも、『交通と統計』への連載の機会もなかった。以来、交通統計研究所の現理事長 竹井大輔氏、専務理事 中野 勝氏、営業部長 川村卓爾氏をはじめとする皆様の御指導と御協力によって著者の興味の赴くままに連載を継続することができ、今回、出版にまでたどり着くことができた。

　運輸政策研究機構 高木 晋氏には、『都市交通年報』掲載の東京圏の各駅間輸送量データの閲覧と購入に際してご配慮を賜った。毎年、各社からの各駅間データを集計して出版する非常に意義のある交通統計として、一層の充実と継続を望みたい。

　『交通と統計』編集委員長である大東文化大学教授 今城光英先生からは光栄にも序文を賜った。

　お世話になった皆様に心より御礼申し上げます。

2016年5月

大内 雅博

著者略歴

高知工科大学社会システム工学教室教授。1968年茨城県生まれ。東京大学工学部土木工学科卒業、同大学院博士課程修了。博士（工学）。東京電力、東京大学助手を経て現職。専門はコンクリート工学。主な著書に『世界インフラ紀行』（セメント新聞社、2002年）、『時刻表に見るスイスの鉄道』（交通新聞社、2009年）、編著に『仁杉 巖の決断のとき』（交通新聞社、2010年）。土木学会、日本コンクリート工学会、JREA、JRCEA会員。『交通と統計』編集委員。

輸送密度から鉄道の本質が見える

平成28年 9 月 5 日　第 1 刷発行
平成29年 5 月10日　第 3 刷発行

著　　者　　大内雅博（おおうちまさひろ）

発 行 人　　惠志健良

発 行 所　　一般財団法人交通統計研究所
　　　　　　〒101-0061 東京都千代田区三崎町3-8-5
　　　　　　千代田JEBL7階
　　　　　　TEL：03-6862-8916　FAX：03-6862-8920
　　　　　　URL：http://www.its.or.jp

印刷・製本　　株式会社アイト

無断転載禁止　　　　　　　　　2017 Printed in Japan
© Masahiro Ouchi　　　　　　ISBN 978-4-905993-02-5